大运河沿线天津传统村镇保护及活力复兴

于 伟 著

天津大学出版社
TIANJIN UNIVERSITY PRESS

图书在版编目（CIP）数据

大运河沿线天津传统村镇保护及活力复兴 / 于伟著
. -- 天津：天津大学出版社，2023.6
ISBN 978-7-5618-7485-1

Ⅰ.①大… Ⅱ.①于… Ⅲ.①大运河－乡镇－文化遗
产－保护－研究－天津 Ⅳ.①TU982.292.1

中国国家版本馆CIP数据核字(2023)第094051号

出版发行	天津大学出版社
地　　址	天津市卫津路92号天津大学内（邮编：300072）
电　　话	发行部：022-27403647
网　　址	www.tjupress.com.cn
印　　刷	北京虎彩文化传播有限公司
经　　销	全国各地新华书店
开　　本	787毫米×1092毫米　1/16
印　　张	7.625
字　　数	160千
版　　次	2023年6月第1版
印　　次	2023年6月第1次
定　　价	39.00元

目　　录

第一章 大运河沿线天津传统村镇的起源与命名

第一节 沿运村镇的起源

一、大运河天津段空间地理特点

(一)空间结构与水网系统

区域的地理多变性研究是分析早期大运河沿线天津村镇形成、发展和分布的前提。天津地处华北平原东北部,西侧通过冀中平原与太行山脉相连,北侧和燕山山前平原接壤,东南面越过鲁西北平原是泰山山脉,整个地势向海河倾斜,像一个不规则的簸箕,天津位于簸箕口。基于这样的地势特点,发源于太行山和燕山的河流,都汇集于天津,汇入海河,注入渤海,形成现在著名的海河水系。

海河水系迄今已有1 700多年的历史,其形成可上溯至遥远的三国时代,流域面积高达22万平方千米,上游流域有300多条流量较大的河流,进入河北平原后逐步汇聚成五大干流,分别为南运河、北运河、子牙河、永定河和大清河,并在中心城区三岔河口处汇合成海河,向东延续70多千米入海。如此庞大的水系网络使天津成为华北平原独具特色的水上交通枢纽,并成为首都北京与外界相连的水运门户。天津从因漕运兴起并建立卫城到逐步发展成为现在的国际化都市,这和其自然水网优势息息相关。从根本上来说,平虏渠和泉州渠的开掘使得该区域东西流向的河流一下子有了汇入海河、流入渤海的能量,为天津城市发展提供了动力。因此,大运河的开凿和通航,促成了天津的产生和繁荣发展,历史水网形成、特殊地理条件、水运对城市发展影响等的分析结论均可作为这一观点的证据。

(二)城市发展与海洋文化

天津自古被称为"退海之地",根据历史考证,5 000 年前天津还是一片汪洋大海,后来海水慢慢退去,才形成了今天天津的大陆地貌。海洋对天津城市发展最大的影响因素即为港口的建立和使用,在水运交通优势明显的历史时期,有没有优质的深水良港在很大程度上决定着城市的兴衰,早在 3 000 多年前的《尚书·禹贡》就有对这一北方水上门户的记载。"三会海口""泥沽海口"等天津曾经的名字都是海港的名字,不仅如此,天津由营寨发展为城市也恰恰是因为元代海运给天津带来的繁荣。清末黄河泛滥改道,加之统治阶级腐败,整治河道不力,漕运废止,导致内河漕运沿线很多城镇日益衰落,但天津却日益繁荣,如此之大的反差无疑与海港的发展关系紧密。

(三)空间发展与地质变迁

在天津这块土地上,地表之下的地质构造比表面的平原地势要复杂得多。从总体地势变化上看,自沧县越天津而北,在地质构造上形成一个凸起,凸起西侧是冀中凹陷,静海、侯台子、新开河一线居于二者结合带;凸起东侧是黄骅凹陷,葛沽、小站等地也居于二者结合带,天津位于此处地质凸起的北侧。地势的起伏导致河流的蜿蜒扭转,在漫长的历史岁月中,由于冲击力的不同导致岩石层上覆盖了薄厚不一的泥沙,凸起区域较薄、凹陷区域较厚,后来经历了全新世海侵才逐步填平形成相对平坦的地势。之后,海岸线首先在凸起区域地势较高的东部地区形成,东侧是渤海,西侧是潟湖,在之后的数千年间,在河流泥沙的不断冲击下,海岸线逐步向海洋一侧推移,潟湖不断缩小,地形地貌随之一步步产生变化。

总之,地表河道纵横,自西向东汇流入海的整体地貌特征,是由天津的地质构造决定的,也正是在这一复杂的地质结构变化中,实现了"退海成陆"的历史演变,从而为这座城市的出现提供了适合的自然地理条件。

二、聚落空间的发展起源

（一）远古时期的探寻

目前,整个天津平原地区范围内出土石器的地点已超过10处,1974年在天津北郊刘家码头发现的三件石器是迄今为止本地区有关人类历史最早的证据,目前基本查明这些文物为公元前4700—公元前4200年的物品。除此之外,还在武清小韩庄、宁河张光村等5个村子中发现石器埋藏。从武清小韩庄出土的多件石质工具可以看出,这些石器出土点中至少有一部分是天津最早的居民聚居点。和相邻的红山文化遗存相比,天津出土的历史文化遗存主要特点为:目前为止,在本区域内只出土了石器物品而没有发现居住痕迹;有红山文化的遗存,却没有红山文化之后的遗存,很明显是生态发展出现间断所致;仅在天津北郊以北发现历史文化遗存,天津市区以南却不见;在石器埋藏的地层中,覆盖着一层包含蛤等海生双壳动物残骸的沉积物。所有这些现象都是由于全新世海侵造成的。于是,新石器时期的远古人类在天津区域本身就不长的活动时间里,活动的规模也受到自然地理条件的制约,对后来该区域的发展造成的影响就显得很微弱了。

（二）大运河沿线聚居点的出现

对于一个城市而言,天津并没有非常悠久的历史,但是天津这块土地的历史则源远流长。天津属于平原地形,水源丰富,河网纵横,农业自古以来就是本地居民的主要生产方式。天津地区郡县始置于战国时期,秦国统一六国之后,在本地区北部设置渔阳郡,即今天的蓟州区所在地,后来汉朝取代秦朝,于汉高祖五年在南部设置渤海郡。渔阳郡的泉州和渤海郡的东平舒,是天津最早的两个县。

天津平原在经历过漫长的三国时代之后,于魏晋南北朝时期挖掘的平虏渠和泉州渠使自然状态下的河流彼此相连,形成东西交错、南北纵横的内河水运网络体系。在这些错综复杂的水系沿线,出现了密集的居民聚居点,这些聚居点大多以水系为依托,并以农业为主要的生产方式。据《水经注》记载:"沽河又东南径泉州县城古城东,……沽水又东南合清河……"沽河下游即为今天的北运河,清河下游即为今天的南运河,两河汇合处即今天的中心城区三岔河口处,所以泉州县应位于现在天津市区的西北侧。《畿辅通志·武清县下》记载:"泉州故城在今县东南四十里,汉置。"《畿辅通志·天津府下》记载:"在府西北。"《武清县志》中称"泉州故城遗址尚存",此"故城"便是今武清的城上村古城,距武清旧城和天津旧城都是四十里。据考证,城内文化发展状态属于战国和西汉两个时期。现在的武清区,则包括当初泉州、雍奴二县所统辖的范围,唐天宝元年更名为"武清",位于今北运河沿岸。

在今天静海区西钓鱼台村以西,南运河沿岸,是城址规模 500 米见方的东平舒县遗址,其具体位置位于古派水和古滹沱河两河口之间,主要包括今天津南郊、北大港及静海等区域。宋代地理名著《太平寰宇记》记载:"大城县,西北去霸州九十五里,本汉东平舒县。"这里所说的就是东汉以后的东平舒县,西汉东平舒县在今南运河河畔,静海境内。

除此以外,在天津境内各主要水系沿岸还发现了多处早期聚居点,这与当时的自然环境、气候特点、生产方式、生活方式等联系紧密,这种聚落的产生和发展模式与世界几大文明的发源如出一辙,均是起源在河流附近。

(三)早期聚居点的形成

通过筛查历史资料可知,隋朝开通的永济渠由今天河北省境内紧靠天津南部地区的青县县城向东北流经独流镇,可分为从沁水到白沟运河、从白沟运河到今天的天津地区、从今天的天津地区到隋代的涿郡治蓟城三大区段。其中第二大区段位于现今天津境内,利用了白沟、清河、平虏渠水运通道的部分河段以及屯氏河的部分河段,大大带动了周边区域的发展。《元丰九域志》有"钓台,军北六十里。独流北,军北一百二十里。独流东,军北一百二十里"的记载。天津市西青区独流镇即为"独流北"和"独流东",历史上又称独流口,在今天静海区北 10 千米处,今天这里是大清河、子牙河与南运河三河汇流之处。周世宗北征期间乘船经永济渠出独流口,也佐证了永济渠流经独流镇的事实。学者大多认为永济渠出独流口向北的走向,是从独流口向西,经过冀中洼地的一片塘泊区,至霸州东的信安,通向涿郡所在的蓟城。

永济渠在充分利用天然河道级基础上通过人工开挖连接形成一条能够满足大规模航运

的水上通道,巧妙地利用了优异的自然条件并大大降低了人工投入,是一项伟大的水利工程。《元和郡县图志》《旧唐书·地理志》《新唐书·地理志》均有将永济渠作为通航河道的记载。

宋辽时期,由界河划分各自属地,而现在比当时已经窄了很多的海河就是界河的一部分,在冷兵器时代,宽阔的海河是抵御骑兵的天然屏障,那时在海河南岸设立的宋朝军事寨堡也成为在天津形成的早期聚居点之一。

（四）直沽寨的建立

虽然在现今天津境内的传统聚居点出现较早,但是天津市区范围内最早的聚落是金代建立的直沽寨,它是为了保护漕运并震慑外来军事力量而沿运河线路设立的军事据点。据《宋史·河渠志》记载,元丰四年（1081 年）都水监丞李立之巡视河道发现"乾宁军分入东、西两塘,次至界河,于劈地口入海"。大观元年（1107 年）六月,都水使者吴玠言:"（黄河）'自元丰间小吴口决,北流入御河,下合西山诸水,至青州独流寨三叉口入海'。"可见在北宋时期天津还是一片荒寂,后来金统一了淮河以北的地区,才结束了宋辽以海河为界的局面。更重要的是,自金朝建都燕京之后,今天的北京成为政治中心和军事中心,大量物资通过漕运运往北京,这为天津后来的发展起到极大的促进作用。据《金史·河渠志》记载:"皆合于信安海铺,溯流而至通州,十余日后至于京师。"这说明在金未设立直沽寨前,天津已经有了漕运码头。又据《金史·完颜佐住传》记载:"完颜佐本姓梁氏,初为武清县巡检。完颜住本姓李氏,为柳口镇巡检。久之,以佐为都统,住副之,戍直沽寨。"其中提到的柳口镇即为今天南运河畔的杨柳青古镇。也就是说,杨柳青古镇是在直沽寨设立之前就存在于天津境内的传统村镇,且相对直沽寨这类功能单一的军事卫镇来说,杨柳青镇是一个真正意义上的功能复合型传统村镇。

（五）柳口镇的设立

柳口镇即为今天的杨柳青镇,在金朝,它和直沽寨都归静海县管辖,这是当时在大运河沿线设置的以管辖漕运为主要职能的县城之一。大运河上繁忙的漕运使沿线经济迅速发展,大运河沿线出现了柳口镇、直沽寨等诸多人口聚集区。考古资料证明,著名的漕运遗迹武清县十四仓的下层遗迹可追溯到金代,但是在那个时期,天津境内的村镇大多以苇场、猎地等形态出现,人们也多以煮盐、织席为业,丰富的村镇空间形态还未出现。

(六)宝坻、靖海两县的设立

金朝还设置了宝坻县和靖海县。宝坻县位于北运河沿线的武清县北部,靖海县位于汉东平舒县境内。宝坻县是一个依靠盐业发展而逐渐兴起的城镇,当时宝坻县出现的早期繁荣在当地留下了很多极具历史价值和艺术价值的遗迹。靖海县的建立则在很大程度上是应漕运发展的需要。这两大行政单元的建立大大推动了大运河沿线天津传统村镇体系的发展。但是,当时运河流域周围地区仍未得到大量开发,整体的平原农业经济尚未发展壮大,主要的村镇形态仍是以零散的聚居点和军事寨堡为主。

(七)海津镇建立

到了元代,天津作为物资进京的重要门户,其战略地位更加重要。天津区域的漕运机构,除了直沽之外,还有位于武清县北部的河西务,这是元大都外围重要的漕运仓储设施。此外,大运河沿线天津段也是在元朝开始置仓的。据统计,至元二十四年(1287年),已在大运河沿线设置漕仓75处。

据史料记载,元朝时期,天津不但是南粮北运的漕运枢纽,还渐渐成为海盐的一大产地,管理海河以南盐务的“沧州盐使司”和管理北渤海湾盐务的“宝坻盐使司”是早在金代就设置的两种职务。直沽不但自身产盐,还是渤海地区的盐运往大都的必经之地。在傅若金的《直沽口》一诗中有“使收通漕米,兵捕入京盐”的诗句,另外在《新校天津卫志》(卷四《艺文》)中也有直沽“盐积如山”的记载,这些都说明天津是当时渤海海盐的集散地。

在这个背景下,由于漕运和盐业的不断发展,仅作为军事据点的直沽寨已经不能满足功能需求,于是在延祐二年(1316年)改名海津镇,由副都指挥使伯颜镇守,至正九年(1349年)在海津镇设立镇抚司,至正二十六年(1366年)枢密院买闾领兵镇守海津镇。至此,天津的地位不断提升,其真正意义上的城镇聚落空间形态也在这一时期开始逐渐形成。

在元代,由于水运不断发展,船工在行船过程中出现危险和意外的情况不断增多,但是由于技术和思想的局限,人们只能将情感寄托于神灵。于是,南方沿海地区的人们所信奉的海神天妃在这些船工们的水运过程中被带到了北方城市,沿海各地大量建设可以祈求海运平安的天妃宫,在大运河沿线也出现了大量用以祈求水运过程中平安和顺利的河神庙,天津当然也不例外。《元史·祭祀志》中有记载:"南海女神灵惠夫人,至元中以护海运有奇应,加封天妃神号,积至十字,庙曰灵慈。直沽、平江、周泾、泉、福、兴化等处皆有庙。皇庆以来,岁遣使赍香遍祭。"由此可知,直沽天妃宫始建于元朝初期。

天妃宫始建于大直沽,后因火灾,在直沽另建新庙,也就是《元史》上所说的泰定三年"作天妃宫于海津镇"。而后,又多次拨款,改建、扩建天妃宫,直到清末八国联军放火烧毁了大直沽的天妃宫。现在仅存的是宫前、宫后等街道,名称保存至今依旧可见的西庙,位于三岔河口南,建筑都是在明清时期重建的。

(八)明清运河文化生态下的村镇空间形态

从康熙十四年(1675年)的《津门治河图》中可以看出,清朝时期在南北运河及三岔河口附近区域形成了多个传统聚落组团,自南向北主要有青县聚落组团、静海县聚落组团、天津卫聚落组团、永清县聚落组团、安东县聚落组团、武清县聚落组团和河西务聚落组团等。在各个组团中都可以明确地看到居住组团和一处或多处寺庙建筑群的组合形式,在聚落组团之间存在驿站。除此之外,大多聚落都呈现"围寺而居"或"傍寺而居"的形态。

由此可见,在这一时期,大运河沿线的聚落空间形态呈现多样的景观风貌如由严整的城墙围合而成的城镇聚落。自发型乡村聚落相对零散的自然发型乡村聚落以及城墙外以寺庙为核心的寺庙建筑群,在自然绿地的掩映下呈现出丰富多样的空间形态特征,这些空间形态特征都体现出运河沿线不同区域人们生产生活的不同文化特质。大运河承载的多元文化既有本土风俗,又有南方文化;既有漕运文化,又有海洋文化。三岔河口地区,是天津重要的文化节点,也是天津运河文化的精髓所在。

三、大运河沿线天津各区村镇概况

(一)北辰区概况

北辰区总面积 478.48 平方千米,总人口 909 643 人,是天津市下辖的市辖区,是天津环城四区之一,位于中心城区北部,旧称"北郊",地处京津走廊,是天津的北大门,具有天然的地理优势,北运河贯穿境内。

从古至今,北辰人依水而居,积淀了深厚的历史文化,创造出独具特色的北辰文化。纵贯北辰区的北运河漕运大通道和陆路京华大道是南粮北运、北货南输的交通要道,因此这里素有"皇家粮仓"的美誉。北辰近代名人辈出,革命先驱安幸生,登高英雄杨连弟,文化名人张伯苓、温世霖、温瀛士,体育名将穆成宽、穆祥雄都生长在这片沃土上。北辰文化主要有古物遗迹文化、寺庙与宗教文化、红色文化、文人文化、名村文化、民间文化、民俗文化等。北辰人吸收了剪纸、刺绣、面画、草编、木版年画等民间艺术的精华,创作出富有浓厚地方色彩的现代民间绘画。

北辰区现有企业近 2 万家,德国西门子等 25 家世界 500 强企业和一批知名国企、民企落户发展,形成了高端装备制造、生物医药、新能源新材料、电子信息四大支柱产业,上市挂牌企业、小巨人领军企业位居全市前列,连续 8 年在市科技进步监测中位居第一。学校、医疗资源众多。

(二)西青区概况

西青区位于天津市西南部,东与红桥、南开区毗邻,南临独流减河与静海区隔河相望,西与武清区和河北省霸州市接壤,北依子牙河。自然地势为西高东低,全区总面积 565.36 平方千米,常住人口 1 195 124 人。

西青区是天津最大的副食品生产基地之一,有悠久的蔬菜生产历史,出产全国出名的"天津大白菜""沙窝青萝卜"等。乡镇企业由资源消耗型转向科技主导型,形成了化工、机械、汽车、金属轧延、医药、纺织、金属制品等 13 个大类。西青区形成了以市场建设、房地产开发、物业管理、商品及集散市场、餐饮业为主的第三产业带。西青区公服设施齐全,共有幼儿园 60 所,小学 32 所,普通中学 13 所,特殊教育学校 1 所;现有医疗机构 14 个,其中医院 1 所,卫生院 9 所。

西青区有着深厚的历史文化底蕴和独特的地域文化魅力,民俗资源优势、文化资源优势、革命历史资源优势和地缘优势非常突出,进而形成了个性特色鲜明的"运河文化、民俗文化、年画文化、大院文化、赶大营文化、精武文化、红色文化和生态文化"八大特色文化品牌。

(三)武清区概况

武清区位于天津市西北部,北与北京市通州区、河北省廊坊市香河县相连,南与天津市北辰区、西青区、河北省霸州市毗邻,东与天津市宝坻区、宁河区搭界,西与河北省廊坊市安次区接壤,总面积 1 574 平方千米。根据第七次人口普查数据,截至 2020 年 11 月 1 日零时,武清区常住人口为 1 151 313 人。

武清区素有"京津走廊""京津明珠"美誉,是京津冀三省市的交会点,是国家"京津冀协同发展"战略的重要核心区和桥头堡。武清是国家智慧城市试点之一。

武清区致力于发展成为京津综合发展主轴上的国际化功能区和京津之间高新技术产业基地、现代服务业基地和生态宜居城市。武清北运河作为大运河的咽喉,积淀了深厚的运河文化。武清的书画、武术、民间花会、民间技艺等,均与大运河结缘,并在全国占有一席之地,走出了一批近代书画、曲艺名家。

(四)静海区概况

静海区,天津市辖区,是国务院批准的沿海经济开放区之一。静海东北、东南分别与天津市西青区及滨海新区接壤,西北与河北省霸州市交界,西部和西南分别与河北省文安县、大城县相接,南部是河北省的青县和黄骅市,总面积 1 475.68 平方千米,常住人口为 787 106 人。静海城区地处静海区北部,与西青区隔河相望,距天津市中心 40 千米、天津新港 80 千米、天津滨海国际机场 60 千米,距北京 120 千米。

静海区高质量产业发展"1+N"规划深入实施,新动能加速成长,新兴产业加快壮大。有国家高新技术企业超过 230 家,中国 500 强、市百强企业 7 家,制造业单项冠军 3 家。静海内栽培的植物比较丰富,主要有小麦、玉米、高粱、水稻、黄豆、绿豆、红小豆等,形成了"两城三区六园一带"的空间布局。北环、大邱庄、唐官屯三个乡镇园区被列为市级乡镇工业示范园区,形成了循环经济、健康产业、先进制造、现代物流、都市农业、文化旅游等六大特色产业。

静海区公服设施完善,有各级各类学校 152 所,其中"双一流"重点高校 2 所,普通高等院校 5 所,普通中学 50 所,小学 99 所,成人职业教育中心 1 所;共有各类卫生机构 80 个,其中医院、卫生院 30 个,诊所 26 个,疾病预防控制中心 1 个;文化馆 1 个,乡村文化站 17 个,县级图书馆 2 个,学校乡村图书馆 446 个,剧团 1 个。

历史孕育了文化,文化反映着历史。静海有史以来,一代又一代勤劳勇敢的人民在这片热土上披荆斩棘、上下求索,创造了灿烂辉煌的地方文化,留下了极其丰富的历史文化遗产。经过千百年来广泛融合,民间演绎和大众传承,静海文化形成了卓尔不群的气质,静海文化以独特的魅力对外界构成持续的影响力和吸引力。古遗址、古墓、文物碑刻等,河流文化、农耕文化、红色文化、饮食文化、武术文化、名人文化、遗址文化、民间文化、创演文化、宗教文化等,西汉古城、宋代古船、义和团"天下第一坛"等历史遗迹,承载着静海厚重的历史。

第二节　沿运村镇的命名

一、沿运村镇命名概述

"地名"这个词语中作为专用词语,不但蕴含着丰富多彩的语言现象,还蕴含着丰富多彩的文化。从历史文化背景的视角出发,利用人文语言学的科研方式深入研究历史地名,不但能够加深人们对专有名词的认识,还能够洞察名称丰富的文化含义。大运河流经天津武清、北辰、红桥、河北、南开、西青和静海等 7 个区,沿岸两千米范围内共 99 个村庄。

二、村名的语言学考察

对地名的深入研究离不开现代语言学的理论研究方式,正如李如龙所指出的:在人类社科中,编程语言这一专业领域已经表现出了引领学术的重要作用,即使是在自然科学和信息技术应用等专业领域,也无法忽略现代语言学的研究成果。社会科学发展到了今天,对地名科学研究要依托科学理论逻辑和现实需求等,将地名科学研究建立在现代语言学的理论和方法的基础上,而不要仅仅利用地理、历史研究的理论和方法开展科学研究。所以,对地名的科学研究,就必须从文化背景中寻找命名理据,发现名字的文化内涵。

(二)村名音节构成与分布

1.双音节村名

南仓、李嘴、阎庄、屈店、柴楼、张湾、汉沟、庞嘴、新袁、老袁、朴楼、冯家、陆家、当城、隐贤、怡合、柴官、郑楼、费庄、北蔡、砖厂、霍屯、小河、苏庄、土城等,共计25个村名,占沿岸地名总数的25.3%。

2.三音节村名

铁锅店、李房子、王秦庄、赵虎庄、董新房、丁赵庄、上蒲口、梁官屯、靳官屯、只官屯、赵官屯、程内篇、曲庄子、林内篇、夏官屯、马辛庄、鲁辛庄、良辛庄、吕官屯、高官屯、东钓台、西钓台、小钓台、杨家园、西双塘、东双塘、增福堂、玉田庄、曹官庄、大河滩、小河滩、韩家口、刘官庄、西五里、白杨树、府君寺、刘家营、荀家营、王家营、尚内篇、杜家咀、生产街、第六埠、水高庄、白滩寺、六合庄、老米店、宝稼营、沙古堆、大白厂、小白厂、卞官屯、筐儿港、郭官屯、尖咀窝、聂官屯、中丰庄、八间房、刘羊坊、西崔庄、三里浅、大王甫、小王甫、富官屯、务子店、中白庙、奶母庄、小龙庄、大龙庄等,共计69个村名,占沿线村名总数的69.7%。

3.四音节村名

掘河王庄、香铺王庄、大赵家洼、小赵家洼、大道张庄等,共计5个村名,占沿线村名总数的5.1%。大运河沿线天津村名音节分布数量和情况如表1-2-1、表1-2-2所示。

表 1-2-1　大运河沿线天津村名音节分布数量

区	双音节	三音节	四音节
北辰区	8	7	2
静海区	5	35	2
西青区	3	3	0
武清区	9	24	1

表 1-2-2　大运河沿线天津村名音节分布情况

	北辰区	静海区	武清区	西青区
双音节	屈店、柴楼、李嘴、张湾、南仓、庞嘴、阎庄、汉沟	新袁、老袁、朴楼、冯家、陆家	柴官、郑楼、费庄、北蔡、砖厂、霍屯、小河、苏庄、土城	当城、隐贤、怡合
三音节	铁锅店、李房子、赵虎庄、上蒲口、王秦庄、丁赵庄、董新房	梁官屯、靳官屯、只官屯、赵官屯、程庄子、曲庄子、林庄子、夏官屯、马辛庄、鲁辛庄、良辛庄、吕官屯、高官屯、东钓台、西钓台、小钓台、杨家园、西双塘、东双塘、增福堂、玉田庄、曹官庄、大河滩、小河滩、韩家口、刘官庄、西五里、白杨树、府君庙、刘家营、苟家营、王家营、尚庄子、杜家咀、生产街	六合庄、老米店、宝稼营、沙古堆、大白厂、小白厂、卞官屯、筐儿港、郭官屯、尖咀窝、聂官屯、中丰庄、八间房、刘羊坊、西崔庄、三里浅、大王甫、小王甫、富官屯、务子店、中白庙、奶母庄、小龙庄、大龙庄	第六埠、水高庄、白滩寺
四音节	掘河王庄、香铺王庄	大赵家洼、小赵家洼	大道张庄	

（二）村名通名研究

通名是指同一地物因山势地貌所产生的自身意义或共性特征的共同名字。某个区域的地名通名的类型和分布情况,体现了这个区域的基本地质条件和自然地貌特点。根据统计,在大运河沿线天津地区共有村名通名45种,其中"庄""官""屯""家"的使用频率最高、分布最广。"庄"出现了26次,"官"出现了14次,"屯"出现了12次,"家"出现了10次。其中"庄"的分布区域最广,在沿线各地都有分布,其次是"官""屯""家"。另外,出现一次的通名有堆、掘、沙、埠、淀、港、沟、水、湾、北、稼、间、南、上、筐、林、米、蒲、树、田、土、虎、马、羊、仓、道、坊、府等。

沿线村名通名一般可分成两大类：一是自然地理实体通名，它也可包括山势地貌、河流水文自然环境等小类；二是人文地理实体通名，它也可包括聚落、人类建筑、生产贸易、军事设施等小类。

1. 自然地理实体通名

反映地形地貌的通名：台、堆、掘、沙等，如掘河王、东钓台、西钓台、小钓台、沙古堆等。

反映水文环境的通名：河、滩、口、塘、洼、埠、淀、港、沟、水、湾等，如掘河王、上蒲口、张湾、汉沟、大赵家洼、小赵家洼、西双塘、东双塘、大河滩、小河滩、韩家口、筐儿港、小河村、第六埠、水高庄、白滩寺等。

2. 人文地理实体通名

反映聚落的通名：庄、屯、家、篙等，如香铺王庄、王秦庄、赵虎庄、丁赵庄、阎庄、梁官屯、靳官屯、只官屯、赵官屯、程内篙、曲庄子、林内篙、夏官屯、马辛庄、鲁辛庄、良辛庄、大赵家洼、吕官屯、小赵家洼、高官屯、杨家、玉田庄、曹官庄、韩家口、刘官庄、冯家、刘家营、苟家营、王家营、尚内篙、杜家咀、陆家、六合庄、费庄、卞官屯、郭官屯、聂官屯、中丰庄、西崔庄、东霍屯、富官屯、大道张庄、奶母庄、苏庄、小龙庄、大龙庄、水高庄等。

反映人文建筑的通名：厂、店、房、楼、庙、仓、道、坊、府、街、寺、堂、园、砖等，如铁锅店、李房子、南仓、董新房、柴楼、杨家园、朴楼、增福堂、府君庙、生产街、老米店、郑楼、大白厂、小白厂、八间房、刘羊坊、砖厂、务子店、大道张庄、中白庙、白滩寺等。

大运河沿线天津村名通名分布情况如表 1-2-3 所示。

表 1-2-3　大运河沿线天津村名通名分布情况

通名	北辰区	静海区	西青区	武清区	合计
台	0	3	0	0	3
堆	0	0	0	1	1
掘	1	0	0	0	1
沙	0	0	0	1	1
河	1	2	0	1	4

通名	北辰区	静海区	西青区	武清区	合计
滩	0	2	1	0	3
口	1	1	0	0	2
塘	0	2	0	0	2
沣	0	2	0	0	2
埠	0	0	1	0	1
淀	1	0	0	0	1
港	0	0	0	1	1
沟	1	0	0	0	1
水	0	0	1	0	1
湾	1	0	0	0	1
厂	0	0	0	3	3
店	1	0	0	2	3
房	2	0	0	1	3
楼	1	1	0	1	3
庙	1	0	0	1	2
仓	1	0	0	0	1
道	0	0	0	1	1
坊	0	0	0	1	1
府	0	1	0	0	1
街	0	1	0	0	1
寺	0	0	1	0	1
堂	0	1	0	0	1
园	0	1	0	0	1
砖	0	0	0	1	1
庄	6	10	1	9	26
屯	0	7	0	5	12
家	0	10	0	0	10

(三)村名专名研究

专名指专有名词中反映个别属性的部分,来源十分广泛,如历史典故、地貌特征、地理方位、良好祝愿等,其中使用最多的要素是方位词、形容词、数量词等。根据统计分析,大运河沿线天津村镇的专名结构在词性上可分成方位词(方位词本属名称,此次划分为方便统计独立列出)、形容词、数量词等。

1. 方位词

现代标准汉语中的方位词大多表示方向或位置。沿线村名中有许多方位词,如西、东、里、中、北、间、南、上等。相关村镇则有南仓、上蒲口、东钓台、西钓台、西双塘、东双塘、西五里、中丰庄、北蔡、西崔庄、三里浅、中白庙等。由上述同组中出现的名称就可看出,当时人类对方位的认识已经运用在地名的命名上了。

2. 形容词

在现代汉语中,形容词也可分成状况形容词和特性形容词。沿线村名中有很多形容词,如小、大、老、新、古、尖、良、浅、生、香、增等。相关村镇有香铺王庄、董新房、良辛庄、大赵家洼、小赵家洼、小钓台、新衰、老衰、增福堂、大河滩、小河滩、生产街、老米店、沙古堆等。这表明人类通过地名来表示对事件性质的理解和感知。

3. 数量词

根据统计,村名中带有数量词的比较少。相关村镇有西双塘、东双塘、西五里、六合庄、八间房、三里浅、第六埠等。

大运河沿线天津村名专名分布情况如表 1-2-4 所示。

表 1-2-4　大运河沿线天津村名专名分布情况

专名	北辰区	静海区	西青区	武清区	合计
西	0	3	0	1	4
东	0	2	0	0	2
里	0	1	0	1	2
中	0	0	0	2	2
北	1	0	0	0	1
间	0	0	0	1	1
南	1	0	0	0	1
上	1	0	0	0	1
六	0	0	1	1	2
双	0	2	0	0	2
八	0	0	0	1	1
三	0	0	0	1	1
五	0	1	0	0	1

专名	北辰区	静海区	西青区	武清区	合计
小	0	3	0	4	7
大	0	2	0	4	6
老	0	1	0	1	2
新	1	1	0	0	2
古	0	0	0	4	4
尖	0	0	0	1	1
良	0	1	0	0	1
浅	0	0	0	1	1
生	0	1	0	0	1
香	1	0	0	0	1
增	1	0	0	0	1

三、村名文化学考察

经济社会的发展、文化社会历史的改变,总是会促进词语的演变,而地名的传承性、稳定性也使它留下了带有地方色彩的文化印记。牛汝辰教授认为"地名是文化的镜像"。而大运河沿线天津的村居地名,和当地的社会历史人文文化又有着不可分割的联系。

(一)姓氏类命名村镇

据目前调查统计资料分析,姓和村名之间联系的关系十分紧密,村名由姓直接或间接命名的所占比例很大。这类村名结构是比较常见的类型之一,经统计大运河沿线天津村名中包含姓的多达58个,如李房子、掘河王庄、香铺王庄、王秦庄、赵虎庄、董新家、丁赵庄、李嘴、阎庄、屈店、张湾、庞嘴、梁官屯、靳官屯、赵官屯、曲庄子、夏官屯、马辛庄、鲁辛庄、良辛庄、大赵家洼、吕官屯、小赵家洼、高官屯、新袁、老袁、杨家、朴楼、曹官庄、韩家口、刘官庄、白杨树、冯家、刘家营、苟家营、王家营、杜家咀、陆家、郑楼、费庄、大白厂、小白厂、卞官屯、郭官屯、聂官屯、北蔡、刘羊坊、西崔庄、霍屯、尊王甫、小王甫、大道张庄、中白庙、小苏庄、水高庄等。我们的祖先很早就有明显的地域意识,非常重视家族的延续,他们以共同的姓氏为自己的聚落命名。

大运河沿线天津姓氏类命名村镇分布情况如表1-2-5所示。

表 1-2-5　大运河沿线天津姓氏类命名村镇分布情况

辖区	北辰区	静海区	西青区	武清区
姓氏类命名村镇	11	28	3	16
合计	58			

（二）期盼类命名村镇

从古至今，人民都将对美好生活的热爱以及对幸福平安的期盼寄托于人名和地名之上，这是中国人对表达诉求的一个独特方法，如增福堂、府君庙、宝稼营、中丰庄、富官屯、隐贤等。

（三）选址类命名村镇

1. 西青区

流淌了 2 500 多年的大运河，始建于春秋时期，总长约 1 794 千米，地跨北京、天津、河北、山东、河南、安徽、江苏、浙江等 8 个省份，贯通了海河、黄河、淮河、长江、钱塘江等五大水系，是世界上里程最大的古代运河，更是世界上开凿较早、建设发展规模较大的人工运河。

在古代，大运河曾是我国南北方地区通行的大动脉，而大运河不但可以保障国家安全，提升社会经济水平，而且还对各地文化交往等方面起到了极大的促进作用。大运河沿线曾经出现了一个又一个繁华富裕的市镇，而小镇杨柳青就是其中之一。

西青区隶属于天津市，是我国四大木版年画之一杨柳青年画的家乡，同时也是"精武大侠"霍元甲的出生地。西青区面积为 545 平方千米，有霍元甲旧居、石家大院等历史名胜，于 2019 年 1 月 25 日被评为 2018 年度全国"平安农机"示范县（市、区、旗、团）。大运河的西青河段，是大运河沿线天津历史人文名镇最集中的地段。杨柳青镇曾是漕运时代的主要漕运港口和经贸重镇，拥有"国家历史文化传统名镇""中华魅力的民俗文化艺术传统名乡""全国木版年画之乡"等美称，作为明清时期的中国北方地区汉族聚集区，孕育出了杨柳青年画、杨柳青断线风筝和剪纸等传统民间艺术。杨柳青文化体现了中国古代国家治理方式以及我国北方地区古代村镇文化发展的重要特点，而扎根于中国土地上的年画文化以及传统建筑空间文化，就是这些特点最真切的表现。杨柳青年画的主要内容是生产、生活，描绘的是积极向上的图景,其核心则是反映人民对美好生活的热爱。镇域内古时华邸美苑竞起,而以"八大家"为代表的宅院和寺观庙宇勾画出了多姿多彩的建筑文化空间。大运河西青段建筑文化遗产,以河道遗存、古建筑群和标志性建筑物为主要特征,集实物遗存和民俗艺术于一身,反映了物质与非物质文化遗产的交融。

西青的御河自然景观也富有地方民族特色,南运河自隋起历称御河、卫河、清河,后于明代永乐间改称"南运河"。2002年,西青区人民政府投入近2.2亿元对南运河流域进行了规划,疏通改建后的南运河称为"御河",河道全长4.1千米,开口40米,东西两岸各有近20米的绿化区,园林绿化设计以四季气候植物特征与地方历史文脉为主线,将生态、游憩、观光等有机融合,先后建立了"乾隆御赐杨柳青""杨柳青砖雕石刻园""杨柳青春画园""杨柳青风筝园""精武园"等五大风景分区,实现了动静融合,五大分区利用不同景观的处理方法及不同活动内容来体现自身特点,同时也设有机械的功能区分,围绕主题主线构成了动静融合,集游憩、观光于一身的城镇绿化景点。入夜,霓彩点缀的御河岸边更显神奇和华美。

2. 静海区

静海区为天津市下辖区,与滨海新区相邻,与西青区隔河相望,面积为1 476平方千米,地势相对平缓但多洼淀,南高北低,西高东低,气候属于温带大陆性季风气候。静海区是国务院批复的沿海对外经济开放区之一,曾为全国农村科技创业的典型区县。

翻阅史书记录,静海区是海洋退去的地方。静海,如同这个美妙的名字一般,是一片安静的浅海滩。大自然的变迁让曾经的大海汪洋变成了充满生气的桑田,祖先们曾追逐水源而定居,一代又一代人辛勤呵护着这方水土。在几千年以前,此地还是一片汪洋大海,但后来通过自然发展,海河平原开始出现,并慢慢变成陆地。传说中"四不像"等各类野生动物就已经在此地生息繁衍。夏商时期,人类祖先就曾在此打猎生活;夏朝的易氏部族、商朝的亳氏部族等也居住在此。据《静海县志》,在东周时期,这个地方叫作"长芦",曾属于齐、燕、赵国领地;秦时属巨鹿郡。

大运河从静海南端的梁官屯开始,至北边的十一堡节制闸,总长度大约49千米,经过6个镇和近110多个村镇。大运河历史悠久,历朝历代都对其进行修建,名字也经过了几次更改。东汉建安十一年(206年),曹操北伐乌桓,为方便运粮,开凿了平虏渠,大致相当于南运河自青县到独流之间的一部分。静海段的大运河又称"御河",1292年运河全线贯通后,称"大运河"。自古以来,大运河两岸的集镇就是南北物资集散之地,客商往来频繁。历史上,静海人民习武健身之风世代相传,武术门派林立,宗法严谨。而大运河两岸又因舟楫便捷,连通了河北沧州及山东等地,在客观上推动着武艺的切磋和文化的交流。独流一带的舟户为押送货物、保镖护航,练武习武之风盛行。任向荣、刘玉春、张景元等一大批武师武艺精湛、名噪一时。千百年来,大运河给静海民众提供的浇灌之利、鱼虾之饶、舟楫之便不可胜数,她以其博大的胸怀和无私的奉献,哺育着静海民众,创造着两岸悠久而深厚的历史文化。

静海是一座人文荟萃、底蕴深厚、和谐共融的活力之地。这里有"中国民俗文化特色美术之乡""中国传统书法文化之乡"等"国字号"传统民族文化名牌的继承发扬,也有以萨马兰奇纪念馆为代表的世界体育文明;这里有独流老醋的手工酿制技术、独流通背拳等非物质文化遗产,也有闻名于世的千年古城——独流镇,"中国十大文化特色名镇"之一的钢铁重要城镇——大邱庄,在昔日荒芜的盐碱滩上兴起的健康生态新城区——团泊新城,以及华北最大的炒货集散中心、名副其实的"中国炒货之乡"——王口镇。

(四)官屯类命名村镇

在中国广袤的国土上,遍布着无数大小堡落,有的叫作"堡",有的称为"寨",还有的叫屯、坊、铺等。其命名规则被很多人编成了顺口溜:屯寨边远县,官庄连成片;铺堡伴驿道,集镇店相望;作坊挨市镇,小庄屋满天。在这里,以"屯"命名的小村镇占据了较大比重。

以静海区为例,通过调查静海区的村庄名称可以看出,在静海区内有大量以"×官屯"为名的村镇。比如:梁官屯村、只官屯村、靳官屯村、吕官屯村、赵官屯村、夏官屯村、高官屯村。虽然这些村镇命名的来源也很多,但根据《深县地名资源汇集》的介绍:"官屯"之名多由官署屯田而来。历史上进行过屯田制的朝代不少。其中规模比较大的有东汉时期的曹操屯田和明朝(洪武年间或永乐年间)的移民屯田。因此,村名来历莫衷一是。

持曹操屯田说法的人指出,在东汉末年,由于战乱连年不断,社会生产力遭到了很大损害,大量农田荒废,人口锐减,粮食匮乏,造成了比较严重的社会经济问题。所谓"白骨露于野,千里无鸡鸣"正是当时社会生活的写照。建安元年(196 年),曹操采纳枣祗、韩浩两位大臣的意见,在许都(今河南许昌)一带实行屯田,之后又推行于全省。据《深县地名资料汇编》记载,因为当时的田屯多是新建的,便以主人的姓名为村名。

持明朝移民屯田说法的人则指出,在明朝建立之初,河北诸地"兵燹之后,人物凋耗,田地荒芜,旧有存者仅二三"(《明嘉靖真定府志》)。后来由于靖难之役,河北地区再度遭受空前劫难,情况尤为惨烈。《明嘉靖南宫县志》记述:"燕京(指京城)以东,所过为墟,屠戮无遗。"应该说,明初的河北"大道皆榛塞,人烟几断绝"(《明太祖实录》)。因此,从朱元璋到朱棣,他们都采用向河北移民开垦屯田的方式重新建村,以稳固政权统治,并整治社会创伤,以修复严重损伤的社会经济基础。据史籍记录,明朝移民延续将近 50 余年,达 18 次以上。《明太祖实录》记述,洪武二十一年(1388 年),户部郎中刘九皋奏言:"今河北诸处,自兵后田多荒废,市民鲜少,而山东、西之民自入国朝,生齿日繁,宜令分丁徙居宽闲之地,开种田亩,如是则国赋增而人民遂矣。"朱元璋在听后接受了建议,从而进行了大量的移民活动。

关于官屯村名的来历,2003 年 11 月《天津市青少年报》登载的一则考证论文认为,明代迁至河北、天津市一带的移居人口,多数采用军屯体制,即以军队编制的多种形式屯垦官田,因此诞生了不少冠以家族姓氏的"官屯"地名。"屯字户"只纳地税,不交皇粮,享有优惠政策待遇。比如静海的"唐官屯",明永乐时期军队领袖唐世义率移民至此屯垦官田,本村原称"唐世义官屯",后简为今名。军屯都有一定的戍所,官兵可带家室,且军籍世世代代相传。黄本骥的《历代职官表》载:"内外卫,均统于大都司或行都司。卫下为千户所,而千户所又辖百户所。其官多为千户、百户、总旗、小旗等","自卫指挥之下,其官多世袭,为明代特有体制之中"。而世袭制度的建立,使姓变得较为稳定。当时,人民习惯于称屯田首领"张官""李官"等。后来,为了区分各屯田点,在名称上又增加了"屯"字,便诞生了"姓"加"官屯"的村名。

(五)辛庄类命名村镇

全国各地的"辛庄",多数不是因为辛姓始祖开村。辛庄的来源总结起来有以下几种。

有一些确系辛姓始祖迁居本地,繁衍生息而成村,但所占比例不多。譬如沧州泊头郝村镇前辛庄,明代靖难之役后十户九空,故而永乐八年(1410年)的时候,强制迁来蔡、辛、满、董四姓建村,因为姓蔡和辛的较多,所以叫"蔡辛村"。清康熙年间,蔡姓人家大部分迁居他乡,留下辛姓独为大姓,中华人民共和国成立后才改为"辛庄"。

同音或相近音讹变而成。"新庄"或"莘庄"转变为"辛庄"。这一类可以说非常多,大多数"辛庄"原本都是明清时期新建立的"新庄"。譬如位于石家庄平山县城西的"辛庄",清乾隆年间有高姓先祖从山西而来,因为是新建立的村庄,故名"新庄",1961年改名"辛庄"。沛县杨屯镇辛庄,原来也叫"新庄",后称"辛庄"。有部分原名"莘庄"的,改名"辛庄"。"莘庄"的来历,要么是因为人丁兴旺,要么是因为早年在草木丛林中建村。无论原来是叫"新庄"还是叫"莘庄",民间口口相传,对究竟是什么字也不甚清楚,又因村中会写字的人不多,贪图省笔画,也喜欢把"新"或"莘"写为"辛"。例如邢台辛庄、辛寨两村,辛庄是清代周庄、王庄的几户人家迁居建村的,一开始叫"新庄",后来写着写着就成了"辛庄"。辛寨是明代高村人迁居至此的,原名"新寨",后来就成了"辛寨"。而新庄这个名字反被其他村子占用。在清朝初年有个叫"小大坪"的村子,后来改名"新庄"。

天津市西青区这些带有辛字的地名,多数是由姓氏命名的,例如马辛庄村、鲁辛庄村、良辛庄村。有些是因属新建村庄,始称"新庄",和辛姓并无直接关联,所以基本没有辛姓居民。后因"新""辛"谐音,而称"辛庄"。还有个别辛庄,虽是辛姓建村,多居辛姓,后因变故,辛姓消失,异姓迁入,故无辛姓居民。

地名并不仅仅是话语符号,更是一个区域文明的"活化石",它见证着王朝的更迭、经济社会的发展、文明的演变。而作为文明的载体,它不但记载着文明,而且体现了文明。帕默尔就曾表示:"地名的考查是令人神往的现代语言学工作。"经过剖析地名的音节特征、通称用字、专称用字、词汇搭配,我们可以发现地名与地形地貌、宗族观念、宗教、商业、军事设施等各方面的密切联系及其人文含义。

第二章　大运河沿线天津传统村镇空间形态

第一节　传统村镇的空间布局

一、村域空间布局

大运河沿线天津传统村庄的空间形态受自然环境与社会条件(如气候、山势、地貌、人文、历史、宗教等)的共同影响,主要分为三个类别,即团状布局、带状布局、散点布局(如图2-1-1所示)。

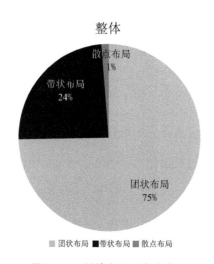

整体

图 2-1-1　村镇空间形态分布图

(一)团状布局

团状布局通常位于河谷平坦地区或坡度平缓、阳光充足的地区。根据地形和地势,它们成簇排列。这样的布局,少到一二十户,多到上百户,邻里共享山墙,形成了马赛克般的村庄(如图2-1-2所示)。这种布置成簇建在道路或山丘周围,不仅有利于挡风避沙,也有利于村民相互合作,节约耕地,是典型的村镇类型。如六合庄村、宝稼营村、费庄村、大白厂村、郭官屯村、聂官屯村、中丰庄村、八间房村、刘羊坊村、西崔庄村、三立浅村、霍屯村、尊王甫村、大王甫村、小王甫村、富官屯村、小河村、奶母庄村、苏庄村、小龙庄村、大龙庄村、当城村、白滩庙村、梁官屯村、靳官屯村、赵官屯村、程内篇村、曲内篇村、林内篇村、夏官屯村、马辛庄村、鲁辛庄村、大赵家洼村、吕官屯村、小赵家洼村、高官屯村、西钓台村、杨家村、西双塘村、东双塘村、朴楼村、增福堂村、玉田庄村、曹官庄村、大河滩村、小河滩村、韩家口村、白杨树村、冯家村、府君庙村、刘家营村、苟家营村、尚内篇村、杜家咀村、生产街村、香铺王庄村、王秦庄村、赵虎庄村、董新房村、丁赵庄村、阎庄村、柴楼村、上蒲口村。

图 2-1-2　团状布局

(二)带状布局

围绕茶马交流和交通枢纽而建的小集镇,交通便利,是典型的带状布局(如图 2-1-3 所示)。这些村庄通常沿高速公路和道路排成一排,最短的三四百米,最长的两三千米。商业、住宅等功能空间往往布置在主要道路和购物街上,是传统村镇的典型布局。如老米店村、砖厂村、大道张庄村、中白庙村、土城村、第六埠村、水高庄村、隐贤村、只官屯村、良辛庄村、东钓台村、小钓台村、刘官庄村、西五里村、王家营村、陆家村、铁锅店村、李家房子村、掘河王庄村、庞嘴村。

图 2-1-3　带状布局

（三）散点布局

散点布局由生产方式决定,村镇常散布在山坡、小弯和石脊上(如图 2-1-4 所示)。生产活动通常以家庭为单位,且自主性较强。如沙古堆村、柴官村、郑楼村、小白厂村、卞官屯村、筐儿港村、尖咀窝村、北蔡村、务子店村、怡合村、新袁村、老袁村、南仓村、李嘴村、屈店村、张湾村、汉沟村。

图 2-1-4　散点状布局

本书统计的大运河沿线天津市各区共有村镇 82 个,其中北辰区 12 个、静海区 39 个、西青区 5 个、武清区 26 个,具体统计情况如表 2-1-1 和表 2-1-2 所示。

表 2-1-1　大运河沿线天津市各区村镇形态数量统计

区县	团状布局	带状布局	散点布局
北辰区	8	4	—
静海区	32	8	—
西青区	2	3	—
武清区	20	5	1

表 2-1-2　大运河沿线天津市各区村镇形态分布

布局形态	北辰区	武清区	静海区	西青区
团状布局	香铺王庄村、王秦庄村、赵虎庄村、董新房村、丁赵庄村、阎庄村、柴楼村、上蒲口村	六合庄村、宝稼营村、费庄村、大白厂村、郭官屯村、聂官屯村、中丰庄村、八间房村、刘羊坊村、西崔庄村、三里浅村、霍屯村、大王甫村、小王甫村、富官屯村、小河村、奶母庄村、苏庄村、小龙庄村、大龙庄村	梁官屯村、靳官屯村、赵官屯村、程庄子村、曲庄子村、林庄子村、夏官屯村、马辛庄村、鲁辛庄村、大赵家洼村、吕官屯村、小赵家洼村、高官屯村、西钓台村、杨家园村、西双塘村、东双塘村、朴楼村、增福堂村、玉田庄村、曹官庄村、大河滩村、小河滩村、韩家口村、白杨树村、冯家村、府君庙村、刘家营村、苟家营村、尚庄子村、杜家咀村、生产街村	当城村、白滩寺村
带状布局	铁锅店村、李家房子村、掘河王庄村、庞嘴村	老米店村、砖厂村、大道张庄村、中白庙村、土城村	只官屯村、良辛庄村、东钓台村、小钓台村、刘官庄村、西五里村、王家营村、陆家村	第六埠村、水高庄村、隐贤村
散点布局	—	沙古堆村	—	—

二、村镇街巷格局

(一)网状道路格局

道路呈网格状,布局整齐,有利于建筑物的布局、方向的识别和交通的组织。在主要道路之间创建支路,并将土地分成适当大小的格子。大运河沿线天津村镇的路网以网状为主(如图 2-1-5 所示)。如宝稼营村、大白厂村、郭官屯村、聂官屯村、八间房村、刘羊坊村、三里浅村、霍屯村、富官屯村、小河村、大道张庄村、中白庙村、奶母庄村、苏庄村、小龙庄村、大龙庄村、水高庄村、梁官屯村、靳官屯村、只官屯村、赵官屯村、程庄子村、曲庄子村、林庄子村、马辛庄村、良辛庄村、大赵家洼村、小赵家洼村、高官屯村、东钓台村、西钓台村、小钓台村、杨家园村、西双塘村、东双塘村、朴楼村、增福堂村、玉田庄村、曹官庄村、大河滩村、小河滩村、韩家口村、刘官庄村、西五里村、白杨树村、冯家村、刘家营村、苟家营村、王家营村、尚庄子村、杜家咀村、生产街村、掘河王庄村、王秦庄村等。

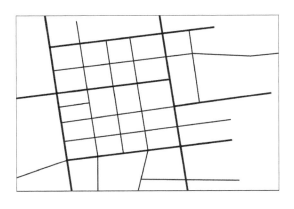

图 2-1-5　网状道路示意图

（二）线状道路格局

采用线状道路格局,有利于建筑的布置和交通组织,线状空间也有利于道路景观布置,部分面积较小的村庄多采用线状道路(如图 2-1-6 所示)。如六合庄村、老米店村、砖厂村、西崔庄村、小王甫村、土城村、当城村、夏官屯村、鲁辛庄村、吕官屯村、府君庙村、陆家村、铁锅店村、香铺王庄村、赵虎庄村、董新房村、丁赵庄村、阎庄村、柴楼村、上蒲口村、庞嘴村等。

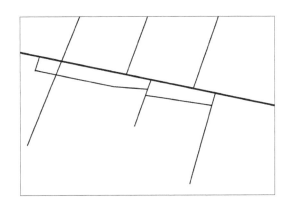

图 2-1-6　线状道路示意图

（三）枝状道路格局

枝状道路格局把车辆道路与步行道路分成两种系统,并且尽可能地不要在同一个平面上交叉(如图 2-1-7 所示)。因为各个路段的道路长度随着交通量而改变,所以就像小树枝一样,粗细不同。乡镇与乡村的机动道路与高速城际道路也会相应分流,减少交叉路口,增加整个路网的通过能力,同时增加道路的安全性。如费庄村、沙古堆村、中丰庄村、大王甫村、第六埠村、白滩寺村、隐贤村、李家房子村等。

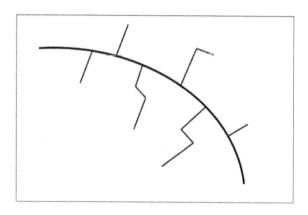

图 2-1-7　枝状道路示意图

本书统计的大运河沿线天津市各区共有村镇 83 个,其中北辰区 12 个、静海区 40 个、西青区 5 个、武清区 26 个,具体统计情况如表 2-1-3 和表 2-1-4 所示。

表 2-1-3　大运河沿线天津市各区道路格局数量统计

区县	网状道路格局	线状道路格局	枝状道路格局
北辰区	2	9	1
静海区	35	5	—
西青区	1	1	3
武清区	16	6	4

表 2-1-4　大运河沿线天津市各区道路格局分布

布局形式	北辰区	武清区	静海区	西青区
网状道路格局	掘河王庄村、王秦庄村	宝稼营村、大白厂村、郭官屯村、聂官屯村、八间房村、刘羊坊村、三里浅村、霍屯村、富官屯村、小河村、大道张庄村、中白庙村、奶母庄村、苏庄村、小龙庄村、大龙庄村	梁官屯村、靳官屯村、只官屯村、赵官屯村、程庄子村、曲庄子村、林庄子村、马辛庄村、良辛庄村、大赵家洼村、小赵家洼村、高官屯村、东钓台村、西钓台村、小钓台村、杨家园村、西双塘村、东双塘村、朴楼村、增福堂村、玉田庄村、曹官庄村、大河滩村、小河滩村、韩家口村、刘官庄村、西五里村、白杨树村、冯家村、刘家营村、苟家营村、王家营村、尚庄子村、杜家咀村、生产街村	水高庄村

布局形式	北辰区	武清区	静海区	西青区
线状道路格局	铁锅店村、香铺王庄村、赵虎庄村、董新房村、丁赵庄村、阎庄村、柴楼村、上蒲口村、庞嘴村	六合庄村、老米店村、砖厂村、西崔庄村、小王甫村、土城村	夏官屯村、鲁辛庄村、吕官屯村、府君庙村、陆家村	当城村
枝状道路格局	李家房子村	费庄村、沙古堆村、中丰庄村、大王甫村	—	第六埠村、白滩寺村、隐贤村

第二节 传统村镇的空间尺度

一、村域边界特征

凯文·林奇这样形容边界,边界是两部分间的界限,是一种连接过程中的线性中断。村庄边界包括内在边界和外在边界。内在边界和外在边界也可进一步分成自然边界和人工边界。内在边界多是建筑结构的物质外部轮廓,也可以说是山地、水域、耕地、交通和建筑接壤的区域。村庄的内在边界并不稳定,会随着村庄的发展壮大,向外扩展。村庄的外在边界主要由聚落边界的物质要素所构成,具体分为自然边界、人工边界、混合边界等。

(一) 自然边界

大运河沿线天津村镇边界以自然边界为主,自然边界主要依据河道走向和自然植被(如农田)等划分,如宝稼营村、杜家咀村,不同村镇被大运河及其支流形成的自然生态带分隔,比如大河滩村的四周被农田所包围而形成边界(如图 2-2-1 所示)。

图 2-2-1   宝稼营村（左）、杜家咀村（中）、大河滩村（右）鸟瞰图

（二）人工边界

人工边界是随着居民生产生活的发展，由人工设施（如道路、铁路、围栏和其他人工景观等）形成的边界。如柴楼村、八间房村、曹官庄村的四周被人工修建的道路所围合，边界清晰，布局整齐有序（如图 2-2-2 所示）。

图 2-2-2   柴楼村（左）、八间房村（中）、曹官庄村（右）鸟瞰图

（三）混合边界

大运河沿线天津部分村镇为混合边界，一侧沿大运河走向布局，其他边界由道路或农田围合而成。如西双塘村、生产街村，一侧被人工修建的道路所分割，其他区域与农田有明显的边界；又如第六埠村，由自然河流走势发展界线和人工道路界线围合而成（如图 2-2-3 所示）。

图 2-2-3　第六埠村(1)(左)、西双塘村(中)、生产街村(右)鸟瞰图

(四)无明显边界

从空间边界形态来看,有些村镇无明显边界,只沿道路走向散点布局,比如北辰区的汉沟村、李嘴村,武清区的卞官屯村(如图 2-2-4 所示)。

图 2-2-4　汉沟村(左)、李嘴村(中)、卞官屯村(右)鸟瞰图

大运河沿线天津市各区村镇边界特征分类如表 2-2-1 所示。

表 2-2-1　大运河沿线天津市各区村镇边界特征分类

边界类型	西青区	北辰区	武清区	静海区
自然边界	—	掘河王庄村、李家房子村、庞嘴村、屈店村、上蒲口村、铁锅店村、香铺王庄村、	宝稼营村、北蔡村、大道张庄村、大龙庄村、大王甫村、费庄村、富官屯村、霍屯村、尖嘴窝村、老米店村、刘羊坊村、六合庄村、奶母庄村、聂官屯村、三里浅村、沙古堆村、土城村、苏庄村、西崔庄村、小河村、小龙庄村、小王甫村、中白庙村、砖厂村	程庄子村、大河滩村、大赵家洼村、东钓台村、东双塘村、杜家咀村、冯家村、高官屯村、苟家营村、韩家口村、靳官屯村、良辛庄村、林庄子村、刘家营村、鲁辛庄村、吕官屯村、朴楼村、曲庄子村、尚庄子村、西钓台村、西五里村、小河滩村、小赵家洼村、赵官屯村、只官屯村

边界类型	西青区	北辰区	武清区	静海区
人工边界	白滩寺村、怡合村	柴楼村、丁赵庄村、董新房村、南仓村、王秦庄村、阎庄村、张湾村	八间房村、小白厂村	曹官庄村、府君庙村、梁官屯村、王家营村
混合边界	第六埠村、水高庄村、隐贤村、当城村	赵虎庄村	柴官村、大白厂村、郭官屯村、筐儿港村、中丰庄村	白杨树村、生产街村、刘官庄村、陆家村、马辛庄村、西双塘村、夏官屯村、小钓台村、杨家园村、增福堂村
无明显边界	—	汉沟村、李嘴村	卞官屯村	—

第三节　传统村镇的空间特征

一、整体空间特征

大运河沿线天津传统村镇的整体空间形式主要分为三大类：网状布局、线状布局、枝状布局。网状空间布局为村镇空间分布呈相对均匀的网状结构，如六合庄村；线状空间布局往往具有明显的线状特征和方向感，村内主干道路明显，生活空间沿路分布，如老米店村；枝状空间布局则由主次道路形成的叶脉状道路结构形成村镇空间整体骨架，如香铺王庄村（如图2-3-1所示）。大运河沿线天津市各区村镇空间形式统计如表2-3-1和表2-3-2所示。

图2-3-1　武清区六合庄村（左）、老米店村（中）、苏庄村（右）鸟瞰图

表 2-3-1 大运河沿线天津市各区建筑布局统计表

区县	网状布局	线状布局	枝状布局
北辰区	8	2	2
静海区	29	11	—
西青区	2	3	—
武清区	7	18	1

表 2-3-2 大运河沿线天津市各区建筑布局分布表

布局类型	北辰区	武清区	静海区	西青区
网状布局	掘河王庄村、王秦庄村、赵虎庄村、董新房村、丁赵庄村、阎庄村、柴楼村、上蒲口村	六合庄村、郭官屯村、中丰庄村、三里浅村、小河村、大道张庄村、大龙庄村	梁官屯村、靳官屯村、只官屯村、赵官屯村、程庄子村、曲庄子村、马辛庄村、鲁辛庄村、大赵家洼村、吕官屯村、小赵家洼村、高官屯村、西钓台村、杨家园村、西双塘村、东双塘村、朴楼村、增福堂村、玉田庄村、曹官庄村、大河滩村、小河滩村、韩家口村、白杨树村、府君庙村、刘家营村、苟家营村、尚庄子村、生产街村	水高庄村、当城村
线状布局	铁锅店村、庞嘴村	老米店村、宝稼营村、费庄村、沙古堆村、大白厂村、聂官屯村、八间房村、刘羊坊村、砖厂村、西崔庄村、霍屯村、大王甫村、小王甫村、富官屯村、中白庙村、奶母庄村、小龙庄村、土城村	林庄子村、夏官屯村、良辛庄村、东钓台村、小钓台村、刘官庄村、西五里村、冯家村、王家营村、杜家咀村、陆家村	第六埠村、白滩寺村、隐贤村
枝状布局	李家房子村、香铺王庄村	苏庄村	—	—

二、住区布局形式

(一)行列式布局

行列式布局能够保证建筑有充足的间距,使住宅具备优越的采光条件。同时,行列式也受制于遮阳篷,以便保持房屋的良好通风。大部分村庄采用行列式布局,这样既可以使村庄建筑比较整齐,又可以为村民创造出一个私密性良好的生活空间(如图 2-3-2 所示)。如六合庄村、郭官屯村、中丰庄村、三立浅村、小河村、大道张庄村、大龙庄村、水高庄村、当城村、梁官屯村、靳官屯村、只官屯村、赵官屯村、程内篇村、曲内篇村、马辛庄村、鲁辛庄村、大赵家洼村、吕官屯村、小赵家洼村、高官屯村、西钓台村、杨家园村、西双塘村、东双塘村、大朴楼村、增福堂村、玉田庄村、曹官庄村、大河滩村、小河滩村、韩家口村、白杨树村、府君庙村、刘家营村、荀家营村、尚内篇村、生产街庄、掘河王庄村、王秦庄村、赵虎庄村、董新房村、丁赵庄村、阎庄村、柴楼村、上蒲口村等(如图 2-3-3 所示)。

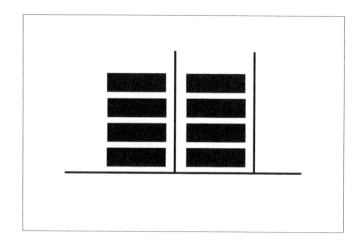

图 2-3-2　行列式布局示意图

图 2-3-3　白杨树村(左)、刘官庄村(右)鸟瞰图

（二）线状布局

住宅建筑沿道路呈线状分布，便于居民出行，交通便利，排列整齐有序。部分带状村庄的建筑布局多采用沿道路线状布局（如图 2-3-3 所示）。如老米店村、宝稼营村、费庄村、沙古堆村、大白厂村、聂官屯村、八间房村、刘羊坊村、砖厂村、西崔庄村、霍屯村、大王甫村、小王甫村、富官屯村、中白庙村、奶母庄村、小龙庄村、土城村、第六埠村、白滩寺村、隐贤村、林庄子村、夏官屯村、良辛庄村、东钓台村、小钓台村、刘官庄村、西五里村、冯家村、王家营村、杜家咀村、陆家村、铁锅店村、庞嘴村等（如图 2-3-4 所示）。

图 2-3-4　线状布局示意图

图 2-3-5　老米店村（左）、土城村（右）鸟瞰图

(三)枝状布局

住宅建筑顺应地形布局,有利于保护环境,沿地势建房有利于稳固房体,以保障居民的安全(如图 2-3-5 所示)。如苏庄村、李家房子村、香铺王庄村等(如图 2-3-6 所示)。

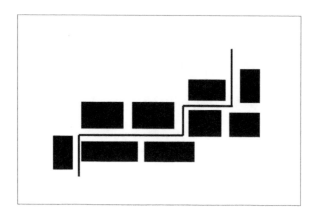

图 2-3-6　自由式布局示意图

图 2-3-7　李家房子村(左)、香铺王庄村(右)鸟瞰图

三、内部建筑空间格局特征

建筑是一个国家民间文化的重要组成部分。民居是建立在地理景观、当地习俗和文化的基础上的,具有很强的地方特色。作为一种建筑文化,它不仅要满足人们的生活和情感需求,而且要展示对宇宙、自然的理解,并在同一文化体系中形成群体的身份认同。对于我国

北方建筑文化的研究和挖掘,可以通过其内在形式来寻找国家文化的内涵。北方的建筑和人文景观体现了对自然的尊重,具有丰富的历史和文化遗产价值。

大运河沿线天津村镇的建筑形态主要表现在以下几个方面。

(1)传统村镇多为合院式建筑围合形式,而现代村镇则通过对合院式单体建筑进行微调,使之适应不同地貌和自身的生产经营状况,并且表现自己的审美情调与人文价值,再以此组合构筑现代村镇的整体形式,在建筑形态方面一直保持着与传统的北方乡村相同的风格。

(2)这些村镇以大运河的流域为基础,形成了该综合体的整体结构,建筑紧凑,内部交通高效。建筑物的布局与自然环境因素密切相关。院子主要以中小型为主,且主要为内部空间。

(3)就颜色而言,大运河沿线天津村镇建筑呈现出类似的温暖的颜色,具有北方乡村的色彩特征。砖和瓷砖几乎都是棕色,暖棕是主要色调。以合院式为原型和大面积表面的再加工使建筑物的体积趋于均匀。

受河道地形、功能需求、家庭经济能力等因素的影响,村镇形成了多样、灵活的庭院设计形式。本书通过实地调研法和调查问卷法采访村民和调查建筑现状,总结得出,传统村镇大都分布在大运河沿线各分段沿岸,充分利用坡地和平缓地围合村庄建筑。无论是怎样的空间布局,房屋围绕四合院或三合院布置的格局始终是村民最喜爱的建筑形制。由此可见,传统的四合院建筑对北方传统村镇的影响较深。

大运河沿线天津村镇的建筑形态主要分为四合院、三合院、二合院和乡村联排别墅。

(一)规整的四合院

住宅空间建设的中心概念是传统的"择中而居"。有四周房间的常规建筑,门窗朝院落方向打开,在院落的中心创造主要的功能空间,统领房屋四周,以及与其他较低的空间形成典型的"封闭组装"住宅形式。

规整的四合院住宅的功能用房一般分为正房、厅房、左右厢房、前耳房、后罩房、倒座房、群房等(如图 2-3-7 所示)。华北农村地区宅院的大小各不相同,布局灵活,功能也各不相同。大运河沿线天津村镇四合院形式较少,只存在于部分村镇,不会集中成片布置(如图2-3-8所示)。

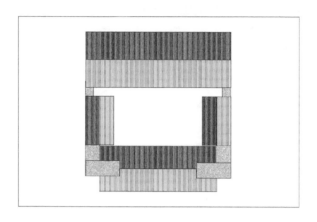

图 2-3-7　四合院建筑形态平面示意图

图 2-3-8　武清区刘羊坊村鸟瞰图

(二)灵活组合的三合院

天津地区乡村民宅的建筑组合比较灵活,有由正室、厢房、耳房、倒座房等构成的四合院,也有由正房、厢房组成的三合院等。传统民居建筑不仅牢固大方而且精致细腻,大运河沿线天津村镇建筑形式多为三合院,主要由三间房屋组成"凹"形平面,中间一间为横长方形,另两间左右对称,与中间一间用矮墙连接,形成内部庭院(如图 2-3-9 所示)。三合院与四合院的区别是没有倒座房,也就是在大门一侧的房子。三合院庭院体积的狭小,街道门也和街道墙同时使用,这与大多数四合院不同。三合院不是四合院的前身,而是四合院的衍生品。三合院大多座北朝南布置,主屋朝南。大多数居室内并没有隔墙,只用家具分隔。一般为三开间,客厅在明间。有些住户在北墙正中摆放香案祭祀神明。两侧次间即为居室,每个居室都有独立的入口(如图 2-3-10 所示)。

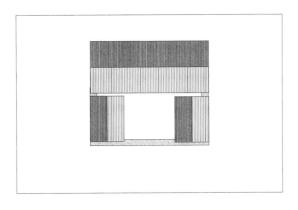

图 2-3-9　三合院建筑形态平面示意图

图 2-3-10　静海区良辛庄村(左)、武清区八间房村(中)、西青区当城村(右)鸟瞰图

（三）"L"形的二合院

二合院是两个房屋呈"L"形排列于庭院周围的内院式住宅,对庭院空间的束缚较小(如图 2-3-11 所示)。独立二合院是院落灵活组合的形式,多见的形制为仅设一栋上房和单排厦房,或者门子和单排厦房,或者在院墙内有左右对称厦房的庭院形制。大运河沿线天津村镇内部"L"形的二合院居多,因为组合排列方式从鸟瞰图来看像字母"L"所以被叫作"L"形院落。大运河沿线几乎每个天津村镇都有二合院,多集中连片布置(如图 2-3-12 所示)。

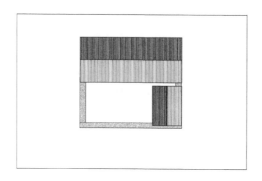

图 2-3-11　二合院建筑形态平面示意图

图 2-3-12　静海区良辛庄村(左)、西青区当城村(中)、西青区第六埠村(2)(右)鸟瞰图

（四）新式乡村联排别墅

农村的自建住宅,通常分为三种类型:独栋、双拼和联排。出于经济条件和住房等方面的考虑,很多人会选择共用一面墙来节约资源和金钱,再新建一栋联排别墅或者二层楼住宅,与兄弟姐妹或邻居和谐相处。在大运河沿线天津村镇里,很少有乡村联排别墅住宅,它们只存在于一些村庄的部分地区,并被分片布置(如图 2-3-13 所示)。

图 2-3-13　静海区韩家口村(左、中)、西青区第六埠村(3)(右)鸟瞰图

第四节　传统村镇的选址特征

聚落的产生是自然因素和经济社会因素共同作用的结果。大运河沿线村庄就是在自然因素和经济社会因素的共同影响下孕育而生的。在整个村庄发展的过程中,选址只是第一步。在土地选择的过程中,人们遵循了敬畏大自然、无为而治的哲学思想,将重视天时地利人和,遵循天人合一思想的生活观念和大自然合二为一。在村庄选址营建之时,人们也表现出了敬畏大自然、顺应自然规律、因地制宜、人与自然和谐共处的生态观念。

村庄的选址原则主要围绕可建设土地、供水、道路、环境（向阳、避风、适应地形）、军事防御等几方面。在各个历史时期、各个地理范围，各个经验模式之间存在着很大的同构性，本书对各类传统选址模式的村镇进行了"同构性"总结分析，进一步研究了人与自然共处之道，从而探索人与大自然之间的和谐共存。

村庄的选址体现着村镇农民对大自然的敬畏和敬仰。村庄因村镇所处地理环境的不同，选址形式也不一样。但每一种形式都存在共同之处，通过总结各种选址形式的共性特点，就可以找到一个有利于本地村庄发展的生存模式。

一、村域选址原则

（一）水源关系

自然条件是影响传统村镇空间形态构成与发展的前提条件，是传统村镇空间形态特征产生的重要控制因素。在一定自然要求的基础上，从社区经济、传统习俗文化、政府有关政策法规等各方面对传统村镇空间形态特征加以调整，是传统村镇空间形态特征产生的重要驱动因素。大运河沿线村庄选址与供水要求有着紧密的关联，村庄背山面水，对水源、农田等要求都较高，总体表现出山、水、田、宅紧紧相依的典型布局。村镇选址关注水，水不仅为人畜所必需，而且是农业生产的必要条件。过量的水会威胁房屋和耕地的安全，所以传统村镇选址远离大江大河，就是怕大江大河涨水的时候淹没土地和房舍。村镇选择的水源包括饮用水源和灌溉水源，中国北方人少地多，水资源匮乏，人们更关注的是饮用水源的水质和水量，以及水源的稳定性。如果村镇中的水井经年不干涸，水质甘洌，村镇就有水源的保证，而灌溉水源只能寄托于风调雨顺了。传统村镇选址首先保证村民的生存，于是粮食和水就成为首先关注的问题。粮食由土地所产，水来自地下水和河水。粮食要有一定的产量才能满足全村人的需求，粮食的产量由土地质量、粮食品种、耕作方式、连作制度以及气候条件所决定，在粮食品种和耕作方式基本不变、气候条件正常的情况下，只能寄托土地数量、质量和灌溉条件，于是土地的数量和质量，以及灌溉和饮用水源就成为首先考虑的要素。以天津市静海区为例，村镇轴线较为明确，与水环境要素具有密切关系，村镇大都沿河布局。

大运河流域传统村镇丰富多样,且空间形式各具特色,既体现了大运河流域民众的聪明才智,也反映了大运河流域鲜明的近水村庄景观特色。针对当下大自然的变化和经济社会的变化,大运河流域传统村镇应当在保持自身传承特点的基础上加以发扬。

(二)气候特征

面对当地环境风沙大、冬季寒冷夏季炎热等气候特点,大运河沿线天津村镇选址主要是为了防风、防沙、防降雨、御寒等。建设形态上具体表现为"院小屋大",所形成的街区建筑空间也将更加密集,压缩了空地的面积,增加封闭性来降低风沙的影响。地面用青砖或石板等光滑材料进行铺装,使雨水得以迅速地疏散或被地表所吸收。庭院采用几进庭院的院落式,这种庭院在夏季天气炎热时,可形成穿堂风。院子面积小、房屋高度大,形成高宽比较大的天井,进而形成高拔风的效应。为解决夏季室内空气散热的问题,中国北方民宅一般很少在墙壁、地面上开洞,使房屋免受骄阳炙烤。住宅组团内所形成的蜿蜒曲折的街巷,成为良好的天然通气系统。围绕着村镇的小河,使热风在进入村镇之前就被冷却成为凉风,四面环山的地形特点可以减轻冬季冷风的侵袭。

二、共性特征

(一)良好的山水格局

历史上,村镇的选址落位和山、水等自然要素有着密切的联系。中国传统村镇在选址初期往往把宏观的地形地貌特点作为第一要素来考察,"山""水""村"经常出现在一定的地方。由于适合耕种的土地资源稀缺且耕地是重要的生产资料,村镇往往分布于平缓的地区,如水边滩地或平缓的山坡。在空间结构上各要素按照同一条轴线方向平行排列布局并呈多元组成模型。因而大运河沿线天津传统村镇多呈现出"山—村—田—水"或"山—村—田—村—田—水"的总体的空间环境山水布局。在空间序列上则呈现出"精神空间设计—乡村住宅空间设计—产品空间设计—溪流"或"精神空间设计—乡村住宅空间设计—产品空间设计—乡村住宅空间设计—溪流"的分布方式。

(二)与自然高度契合

为满足村民的住房需求,大运河沿线天津村镇住宅通常建造在避风向阳、较为平坦的地方。村镇中相同等高线方位的民房可以相互找平,层与层相互联通,这种建筑民居的方法使村镇总体层次感明显、错落有致,形成了丰富多彩的乡村风光,并呈现出与大自然的高度契合。从总体物质空间布局上看,大运河沿线天津村镇的外观空间形状特征往往和其外部自然环境高度和谐,包括外观空间的形状特征和大环境的和谐、内部功能和整个村镇人们的生活需求的和谐、内部环境造型和群众意识的审美需求的和谐。村镇空间结构上具体体现为,以主路为交通节点和村镇空间整体框架,与整个村镇大环境相协调且风格统一的公共空间,以中国传统院落形式格局为基础并加以改进并使用相似材质的整体建筑格局,以及适应村镇整体外部环境和自然条件的建筑外表面设计。

三、个性特征

由于村镇形式受周围地理环境的影响较大,村镇集约地运用周围的地形地貌进行村庄营造。乡村区域环境差异很大,乡村总体形象的外在表现上存在明显的差异。村镇空间结构主要可以分为团簇式布局、带状布局和自由式布局三种类型。大运河沿线天津传统村镇在各个分区中均具有比较相似的村镇结构关系,并且都会有比较主要的最能体现村镇的形态关系及与区域间的关联的村镇结构形式。

村镇形式的产生是一个比较长久的、趋于稳定的发展过程,在各种因素的共同影响下,就会形成不同的空间结构表现形式。又因为传统村镇的特殊属性,所以仅可以在特定的区域范围内有所影响,而且关于传统村镇的文字记载甚少,传统村镇历史资源的主要来源也多是通过农户的口口相传,所以对传统村镇现状空间结构的实地调查,是人们研究传统村镇空间结构形式的重要手段。

第三章 大运河沿线天津传统村镇历史文化特征

第一节 沿运村镇历史文化概述

大运河有着厚重的历史文化意蕴和独特的地域文化魅力,承载着重要的历史文化信息,积累了丰富的运河文化、商业文化、漕运文化、红色文化、工艺文化、民俗文化等历史文化资源。大运河自身及其依附的历史文化也呈现了鲜明的线状分布特点。大运河文化等中国历史文化资源的保护性继承与发展运用,既要统筹经济、人文、教育、水利、交通运输和生态问题,又要兼顾物质与非物质文化遗产问题。

中国大运河被列入《世界文化遗产名录》,标志着全球社会对大运河遗产突出价值的高度肯定,但从我们所要实现的总体目标出发,大运河申遗的顺利完成只是一个标志性的历史起点,对这么一种历史性、大尺寸、多维度、涵盖了诸多遗产类型并具有强烈生命力的大型线状文化遗产而言,我们的保护工作充满了机遇和挑战。特别是在当前城市化加快、新旧文明交互冲击的时期,如何使大运河的传统文化在继续流传下去的同时,为旅游业的发展提供资源条件,是我们需要认真思考的问题。

一、西青区村镇历史文化特征

西青区有着厚重的历史文化底蕴和独特的地域文化魅力,民俗资源优势、文化资源优势、革命历史资源优势和地缘优势非常突出。

运河文化——大运河流经西青区全境,全长32千米的水运通道承载着重要的历史文化信息。

精武文化——著名爱国武术家霍元甲、韩慕侠的家乡。

年画文化——中国四大木版年画之一杨柳青年画的原产地。

民俗文化——国家级非物质文化遗产香塔音乐法鼓、天津市非物质文化遗产霍氏练手拳等。

红色文化——一二·九抗日救亡运动发生地之一,是抗日战争敌后斗争的重要地区之一。

大院文化——遗留的一些历史风貌建筑,如石家大院、安家大院等。

生态文化——西青区北部有近三万亩的生态农业区。

西青区村镇历史文化特征统计如表 3-1-1 所示。

表 3-1-1　西青区村镇历史文化特征统计表

村镇	历史文化
辛口镇	辛口镇历史悠久,底蕴深厚。 古迹遗址——战国时期红土岗遗址、宋朝当城遗址、清代关帝庙等是国家级重点文物保护单位; 历史资料——岳飞后人建立的岳家开村,大杜庄明朝沉船等历史元素都具有深远的研究意义
第六埠村	红色文化——第六埠村有一条“长征路”,依着古河道、渠塘、稻田、柳林等自然条件,设计了长 4 千米的“长征路”,沿途设立遵义会议、四渡赤水、飞夺泸定桥、激战腊子口、三军大会师等 10 个长征路上的重要节点
水高庄村	生态文化——村庄建在河岸边高台上,形成了以生态农业景观为内涵的综合性田园生态旅游景区,有天津市十大美丽乡村、天津市特色旅游示范点等荣誉称号,全国特色景观旅游名村
当城村	有 2 700 多年的历史,天津市第四批文物重点保护单位。 古迹遗址——村内有关帝庙、高家祠堂、千尊玉佛禅寺、当城寨址等古迹。 历史文物——有大量的历史考证,当城村在春秋战国至东汉之前称红土岗,隋唐至五代时期为退海地,北宋时期称当城砦,元朝以后称当城。 生态文化——天津西部的“天然氧吧”

村镇	历史文化
杨柳青镇	杨柳青镇是历史文化名镇。 漕运文化——明清时期,杨柳青是漕运的重要枢纽,是我国北方商贸流通和文化交流集散地,商业繁荣。 年画文化——千年古镇杨柳青是中国四大木版年画之一杨柳青木版年画的发祥地。杨柳青盛产年画,兴于明、盛于清,有"家家会点染,户户善丹青"之说,依画而兴,带动百业发展,是天津地区的年画生产基地。 赶大营文化——天津杨柳青人的创举,跟随清军大营做肩挑生意。 大院文化——清末遗有石家大院、安家大院。 历史遗址——清代有津门著名的崇文书院及古寺院40余座,现尚存普亮宝塔和报恩寺、平津战役天津前线指挥部旧址;文昌阁是国内保存最完好的明代楼阁式建筑
白滩寺村	命名文化——清光绪十二年,韩、郑、马三姓在子牙河堤建房定居,1947年发展成村,因河滩上有一白滩寺故名
隐贤村	命名文化——隐贤村北濒子牙河,1943年姜姓在此定居,后形成十几户小村。地处偏僻,环境清雅,是隐居修养的好地方

二、北辰区村镇历史文化特征

北辰区的村镇历史文化特征主要表现在以下几个方面。

漕运文化——北运河漕运大通道和陆路京华大道是南粮北运、北货南输的交通要道,此地素有皇家粮仓的美誉。

文人文化——近代名人辈出,革命先驱安幸生,登高英雄杨连弟,文化名人张伯苓、温世霖、温瀛士,体育名将穆成宽、穆祥雄都生长在这片沃土上。

古物遗迹——西汉陶罐、孤云寺石匾、燕山红山文化时期文物。

运河工程——始建于明朝的蔺家渡口。

民俗文化——北辰农民画、话剧小品、广场舞蹈。

北辰区村镇历史文化特征统计如表3-1-2所示。

表 3-1-2　北辰区村镇历史文化特征统计表

村镇	历史文化
青光镇	有 600 多年历史,距市区较近的城郊型重镇民间文化——文化艺术人才以丹青妙笔者为众,民间画家较多
铁锅店村	命名文化——双口赵姓建村于清嘉庆元年(1796 年),因从子牙河自河北省获鹿县贩卖铁锅销往京、津、东北地区,以该地为集散地,故名锅店。至清末民初住户渐多,主要是给杨柳青、双口等村镇地主看柳子、坟茔及打工卖短者
李房子村	李影顺建村于清同治元年(1862 年),亦称李家房子渡口
天穆镇	民俗文化——天穆为回族聚居区,一直保留着鲜明的民族特色民俗,文化浓郁,还有戏剧、曲艺、歌舞等民俗文化。 红色文化——天穆是抗日根据地村。 教育文化——旧有汉语和经堂教育,清末有德盛私塾馆、大胡同张家私塾馆等 10 余处。 宗教文化——清真北寺是天津最早的伊斯兰宗教建筑和活动场所
南仓村	命名文化——元代在此建粮仓,名南仓。明永乐年间成村,以粮仓之名命名,至今已有 600 多年历史,陈、孟、倪、赵、王诸姓先后迁居该村,后逐渐形成村民共居的村庄。 历史文献——志书《南仓村志》。 仓运文化——1275 年在今桃花口地方设"驿铺"。1279 年在今三岔河口至杨村间置"广通仓",包括仓上、南仓、北仓等。
北仓镇	漕运文化——自元朝定都北京以来,就成为皇粮漕运的集散地。 命名文化——元建有北仓在内的直沽广通仓,清雍正时期在此建库北仓,因而得名"北仓"。 名人文化——小镇名人众多,如杨连弟等。 民间艺术——北仓随驾狮子会、刘园祥音法鼓会、王秦庄同议高跷会、北仓凌云小高跷会、北仓(蚄蜡庙)小车会、李咀同和高跷会、桃寺吹歌会、屈店吹歌会等
王秦庄村	王、秦二姓建村于明永乐年间,亦称秦王庄。清末村中黄姓因急功重义得慈禧"天语褒奖"匾和乡邻"乐善好施"匾、"甄陶后进"匾等 13 块匾,遂称村名黄秦庄或黄庄子,后复称王秦庄,是晚清甘肃提督曹克忠的故乡
董新房村	命名文化——始建于康熙年间,据传康熙帝微服私访经过此地,脚夫董槌子供其食宿,因护驾有功,康熙帝悦为其建房,始称董家新房
李嘴村	命名文化——最早由李、邓姓人迁此建村,明永乐年间,因地处河嘴,故称李嘴。
闫庄村	命名文化——明永乐年间为周庄属地,称小周庄子,后陕西闫姓人迁入,故名小闫庄。1995 年曾是津郊电话第一村
屈店村	命名文化——屈店始建于清顺治年间,有屈、孙二姓始居于此,因屈家开店而称始村名,后简称屈店。1958 年相邻之马厂和李楼村并入,村庄连成一片。 民俗文化——屈店秧歌队闻名乡梓

村镇	历史文化
双街镇	地处京津走廊。 命名文化——双街镇因境内双街村而得名。 民间文化——有鲍式八极拳、上蒲口同乐高跷、空竹、评剧、秧歌等，其中鲍式八极拳与上蒲口同乐高跷被列入市级非物质文化遗产名录
柴楼村	毗邻京津公路黄金走廊和北运河。 民间艺术——京剧、评剧、民乐、舞蹈、秧歌等
汉沟村	命名文化——明初有一王姓将士在此定居；明万历年间，北运河决口将王家楼冲毁成沟，分成两村，沟南叫汉口，沟北为小街，清末称汉沟镇。 运河文化——明清时期为津北重镇，与杨柳青齐名，是北运河的水运码头，交通便利、集市贸易繁荣，同时也是双街镇唯一的集市村庄。 历史古迹——村内有18世纪初建成的清真寺

三、静海区村镇历史文化特征

静海区古遗址、古墓、出土文物、石刻等众多，其村镇历史文化特征主要如下。

城村遗迹——西汉古城、双楼村元代遗址、义和团"天下第一坛"等，承载着静海厚重的历史。

建筑遗址——靖海侯府、庆云寺、城隍庙、弯桃寺、洪阳寺等。

古墓群——纪庄子汉墓群、小瓦头宋墓群等。

出土文物——战国时期青铜剑、汉代陶楼、宋代木船、宋代瓷枕、明清两代瓷罐等。

民间文化——燕王朱棣囤粮的梁头、乾隆题名的兴隆街等历史传说。

农耕文化——两千多年农业生产形成了形式多样、内涵丰富的农耕文化。

静海区村镇历史文化特征统计如表3-1-3所示。

表 3-1-3　静海区村镇历史文化特征统计表

村镇	历史文化
唐官屯镇	历史文化和商贸名镇。 命名文化——因原驻地唐官屯得名。明永乐年间,唐世义率移民来此屯垦官田,初称唐世义屯,后简称唐官屯。 水利遗产——建于清光绪年间的九宣闸,大运河漳卫南运河的洪水过此闸经马厂减河入海,是天津水利史上较早建筑的水闸,除闸门和启闭设备更新换代以外,其他建筑均为原建筑物且还在使用。它是一座在中国近代水利科学技术方面具有代表性的重要水利工程建筑
夏官屯村	古代遗迹——夏氏墓地大石碑,清晰刻有"显考府君夏公铭济之墓"和历经风吹雨打的整篇碑文,都记载了夏氏家族的族史与夏铭济公的生平
陈官屯镇吕官屯村	始建于明朝永乐年间,迄今已有 600 余年的历史。"耕读之家"这个名字真实地反映了吕官屯人崇尚文化、追求文明的历史。 艺术文化——"耕读之家"的村民在壁上作画,向人们展示吕官屯繁忙的运河码头、穿村而过的"九省御路",以及人们日常生活的生动景象
独流镇	命名文化——独流镇因南运河、子牙河、大清河 3 条河流在此汇成一条河流而得名。宋代时期,曾设独流东寨、独流北寨;因漕运之利,商贸繁荣,明永乐年间,吸引众多人口移民至此,渐成集镇。 历史文化——义和团运动发祥地之一。 传统工艺——清代贡品"独流老醋"产地,至今已有 300 多年历史,系我国三大名醋之一。 古迹遗址——义和团"天下第一坛"遗址、独流木桥(被列为市级文物保护单位)和平安水会旧址等文物古迹
王家营村	命名文化——明朝永乐二年(1404 年),王姓人家迁此,建村于军营之中,故名王家营。 民间文化——秧歌
沿庄镇	清朝和民国时期,沿庄镇西部地区属大城县,东部地区属静海县。 古物遗址——早在宋朝,杨家将就在此地屯兵,并有古城、辕门斩子(元蒙口)、探马庄(谭庄子)等遗址,此地人杰地灵。 传统工艺——盛产烟花、鞭炮成名,有"鞭炮之乡"之美誉

四、武清区村镇历史文化特征

武清北运河作为大运河的咽喉要段,积淀了深厚的运河文化。武清的书画、武术、民间花会、民间技艺等,均与大运河结缘,并在全国占有一席之地,走出了一批近代书画曲艺名家。

武清区村镇历史文化特征统计如表 3-1-4 所示。

表 3-1-4 武清区村镇历史文化特征统计表

村镇	历史文化
徐官屯街道办费庄村	教育文化——保留了安幸生烈士故居，2007 年对故居重新修缮，精心设计展牌展示烈士光辉的一生,并在故居建立了北辰区党史展馆,突出故居的教育意义
大碱厂镇	水利枢纽
筐儿港村	水利遗产——闸、坝和码头是大运河最主要的水工遗存
大道张庄村	民间传说——乾隆皇帝巡视天津,周览河堤淀闸由北运河过境。当龙船行至一河道转弯处时,只见岸柳轻拂,半截河汊荷花盛开,馨香扑鼻
务子店村	运河工程——境内最大的河流为北京排污河,从北京市凉水河胥各庄闸起,至天津市永定新河东堤头防潮闸止
河西务镇	位于京津冀的结合部。 漕运文化——河西务源于汉朝,崛起于元初,兴盛于明清。古为漕运码头,榷税钞关,水陆驿站所在地。素有"京东第一镇"和"津门首驿"之称。 民间文化——赞美河西务的诗词歌赋频出,流芳后世
土城村	土城村有河西务镇遗址。 漕运文化——曾是粮草运输的码头。该村始建于辽代,萧太后为控制北运河码头的粮草运输和防敌入侵,在此建筑了土城墙。元朝时期,这里曾是南粮北调的漕运咽喉,是水陆要冲的大型驿站。 商业文化——这里是一个商品集散地,每天人流如织,景象繁华
曹子里镇	古往今来,曹子里人杰地灵,文化底蕴深厚。 传统艺术——曹子里是绢花之乡,独具匠心的手工绢花,曾作为清朝的御用贡品,上京进献

第二节 历史遗迹文化

大运河沿线天津地区随着历史的更新换代,仍保留了许多重要的古建筑群、古墓、古遗址、历史资料等。如辛口镇的战国时期红土岗遗址、宋朝当城遗址、清代关帝庙古迹遗址,都是国家级重点保护古迹,保留的岳飞后人建立岳家开村、大杜庄明朝沉船等历史元素都具有深远的研究意义。

第三节 漕运商业文化

随着大运河的全线贯通,天津凭借着河海联运的优势,一跃成为工商业重镇,留下了丰富的经济遗产。随着漕运的兴盛,各种物资通过运河船舶源源不断地汇聚,天津逐渐形成以经营粮食、锅具、纺织品、洋广杂货、竹具和估衣等专业化市场为主的商业街市,促进了天津商业贸易的繁荣与发展。明清时期,杨柳青是漕运的重要枢纽、我国北方商贸流通和文化交流集散地,商业繁荣发展。明清时期汉沟村为津北重镇,与杨柳青齐名,是北运河的水运码头,交通便利,集市贸易繁荣,同时也是本镇唯一的集市村庄。

大运河在我国历史上承担着防洪排涝、蓄水输水和农业灌溉等水利功能,遗留下河道遗产以及与之相关的配套和管理设施遗产,天津至今仍留有一些码头、驿站、桥梁、船闸、堤坝、驳岸等运河工程遗址。其中始建于清康熙年间的筐儿港水利枢纽位于天津武清区大碱厂镇,是天津现存最早的水利枢纽。纵贯北辰区的北运河漕运大通道和陆路京华大道,是南粮北运、北货南输的交通要道,因此这里素有皇家粮仓的美誉。建于清光绪年间的九宣闸是中国近代重要水利工程建筑。河西务古为漕运码头,榷税钞关,水陆驿站所在地,素有“京东第一镇”和“津门首驿”之称。

第四节 民俗工艺文化

一、戏曲曲艺艺术

天津大运河沿线容纳多元文化,京、评、梆等戏曲艺术风靡一时。北仓民间艺术丰富多样,有随驾狮子会、刘园祥音法鼓会、王秦庄同议高跷会、北仓凌云小高跷会、北仓(蚂蜡庙)小车会、李咀同和高跷会、桃寺吹歌会、屈店吹歌会等。除此之外,屈店村的秧歌队闻名乡梓。双街乡民间文化内容丰富,有鲍式八极拳、上蒲口同乐棚屋、空竹、评剧、秧歌会等,其中鲍式八极拳和上蒲口同乐棚屋已被列入市级非物质文化遗产名录。

二、民间工艺美术

天津也产生了多姿多彩的民俗工艺美术,其中尤以具有"天津市四大民俗艺术"之称的杨柳青木版年画、泥人张彩绘艺术作品、风筝魏风筝和刻砖刘砖雕艺术作品最具代表性。千年古镇杨柳青是中国四大木版年画之一杨柳青木版年画的发祥地。杨柳青地区盛产年画,兴于明盛于清,有"家家会点染,户户善丹青"之说,依画而兴,带动百业发展。绘画艺术也是当时村民生活的写照,陈官屯镇"耕读之家"的村民们在壁上作画,向人们展示吕官屯繁忙的运河码头、穿村而过的"九省御路"以及人们日常生活的生动景象。曹子里是绢花之乡,独特的传统手工绢花,曾是清代的御用贡品,如今绢花工艺已是该镇的主导产业,并成为实现非农转移的现实途径。

第五节　生态环境文化

大运河沿线天津传统村镇依据自然资源禀赋,发展生态旅游,在享受优质的自然环境同时,极大促进了当地经济的发展。如水高庄村建在河岸高台上,围绕农业建成一个集农业观光、生态旅游、住宿餐饮、休闲娱乐于一体的4A级综合性田园生态旅游景区——水高庄园,建设了一个美丽乡村,为乡村打造了响亮的旅游名片。西青区北部有近三万亩的生态农业区。

第四章　传统村镇发展的经济社会文化背景

第一节　经济发展现状解析

一、大运河沿线传统村镇产业概述

农业强,乡村美,农民富,是全面建成小康社会和实现社会主义现代化的重要目标。党的十九大报告提出以"产业兴旺、生态宜居、乡风文明、治理有效、生活富裕"为乡村振兴总要求。农业农村部发布的《2019年乡村产业工作要点》提出,以农业供给侧结构性改革为主线,围绕乡村一、二、三产业融合发展,聚焦重点产业,聚集资源要素,强化创新引领,培育发展新动能,构建特色鲜明、布局合理、创业活跃、联农紧密的乡村产业体系。

所有产业发展过程都是由产业主体与本地自然、传统人文和基础设施等各种因素适应性调节的过程,而这些因素又决定着产业类型的选择和发展走向,从而影响着产业主体间的相互关联结构以及产业发展的整体效益与品质。

大运河沿线产业大致具有以下特点:以第一产业为主,其中种植业和畜牧业是当地的重点产业;次工业行业中以传统产业为主,机械制造加工业已成为工业支柱产业;生产结构档次降低,以制造、食品加工等为主;小型的个体私营企业占主导地位。

二、基于农业生产的传统村镇

按照国家行业划分准则,第一产业主要是指农、林、牧、渔场(不含农、林、牧、渔服务领域)。在大运河沿线天津村镇产业中第一产业是主要行业,其中又以种植业和畜牧业居多。农村以种植业为主,主要作物包括玉米、小麦、棉花、苦瓜、豌豆、甜瓜、番茄、茄子、韭菜、西蓝花、毛豆、红椒、黄瓜、香菜、菠菜、香芹等;畜牧业以饲养生猪、牛、羊和家禽等为主。如:吕官屯村、府君庙村、郑楼村、宝稼营村、费庄村、沙古堆村、大白厂村、西崔庄村、大道张庄村、小王甫村、李房子村、良辛庄村、大赵家洼村、小赵家洼村、高官屯村、东钓台村、西钓台村、袁村、增福堂村、陆家村、刘羊坊村、三里浅村、尖咀窝村、中丰庄村、富官屯村、务子店村、小龙庄村、马辛庄村、鲁辛庄村、六合庄村、土城村、苏庄村、程庄子村、曲庄子村、夏官屯村、杨家园村、玉田庄村、大河滩村、王家营村、尚庄子村、老米店村、郭官屯村、聂官屯村、砖厂村、筐儿港村、中白庙村、奶母庄村、大龙庄村、掘河王庄村、小白厂村、卞官屯村、冯家村、刘家营村、霍屯村等，如表 4-1-1 所示。

表 4-1-1　天津大运河沿线以第一产业为主的村镇统计

村名	产业概述
曲庄子村	以种植业、村民在企业务工为主
夏官屯村	集体经济实力较差，大部分村民在个体企业务工
马辛庄村	集体经济实力一般，有生猪养殖小区及肉鸡养殖小区，以生猪、肉鸡养殖和建筑工程为主
鲁辛庄村	集体经济实力一般，有农贸集市、工业园区，以种植业，村民在个体企业务工和建筑工程为主
良辛庄村	以种植业为主
大赵家洼村	集体经济薄弱
吕官屯村	以种植玉米、大豆为主，以奶牛养殖为辅
小赵家洼村	以种植业为主，并积极带动农户发展工业、养殖业、交通运输业等
增福堂村	以种植蔬菜、粮食、棉花为主
府君庙村	主要产业是农业、渔业、林业，农业以经济作物种植等为主
陆家村	主要产业是花卉种植以及蔬菜种植
冯家村	以大棚蔬菜种植业为主
刘家营村	以大棚蔬菜种植业为主
尚庄子村	集体企业承包经商、村民在企业务工
六合庄村	目前村集体固定经济来源为土地及鱼池承包费，每年大约 1.311 4 万元，年支出一般 2.7 万元，主要用途为村庄基础设施建设、环境整治、水电灌溉费用等。村民人均年收入在 1.86 万元左右，主要依靠种植业、养殖业及外出打工
老米店村	目前村集体固定经济来源为土地及鱼池承包费，每年大约 2.584 万元，年支出一般 16 万元，主要用途为村庄基础设施建设、环境整治、水电灌溉费用等。村民人均年收入在 1.86 万元左右，主要依靠种植业、养殖业及外出打工
郑楼村	以种植业为主，粮食作物以玉米为主，经济作物以棉花为主；畜牧业以饲养猪、羊、牛和家禽为主
宝稼营村	目前村集体固定经济来源为土地及鱼池承包费，每年大约 48 万元，年支出一般 46 万元，主要用途为村庄基础设施建设、环境整治、水电灌溉费用等。村民人均年收入在 1.99 万元左右，主要依靠种植业、养殖业及外出打工

村名	产业概述
费庄村	目前村集体固定经济来源为土地承包费,每年大约35万元,年支出一般18万元,主要用途为村庄基础设施建设、环境整治、水电灌溉费用等。村民人均年收入在1.8万元左右,主要依靠种植业、养殖业及外出打工
沙古堆村	目前村集体固定经济来源为土地承包费,每年大约15万元,年支出一般18万元,主要用途为村庄基础设施建设、环境整治、水电灌溉费用等。村民人均年收入在1.8万元左右,主要依靠种植业、养殖业及外出打工;主要农产品有苦瓜、豌豆苗、甜瓜、莲藕、葱、草莓、黄瓜、枣子、李子
小白厂村	主要农产品有干梅子、奇异果、番茄、黄椒、羽衣甘蓝、芦笋、茄子、莲藕
卞官屯村	主要农产品有小胡瓜、西洋菜、雪里蕻、芹菜
郭官屯村	村集体收入主要来源为种植业
聂官屯村	村集体收入主要来源为土地承包、厂房租赁
北蔡村	村集体收入主要来源为厂房租赁
刘羊坊村	村集体收入主要来源为村内厂房承包及上级财政补助;主要农产品有韭菜花、丰水梨、栗子
砖厂村	村集体收入主要来源为土地租赁、企业上交
西崔庄村	主要农产品有毛豆、红椒、葡萄、茄子、红苹果、包菜、桑椹
三里浅村	村集体收入主要来源为村内厂房承包及上级财政补助;主要农产品有韭菜花、栗子
大王甫村	集体收入主要来源为土地承包
筐儿港村	村内无集体企业,私营企业2家(从事五金加工生产、餐饮副食)。目前村集体固定经济来源为土地发包;2014年收入大约16.4万元;年支出一般21.8万元,主要用途为农业、公益事业等;村民人均年收入在1.7万元左右,主要依靠种植业、外出打工
尖咀窝村	目前村集体固定经济来源为厂房租赁,每年大约8万元,另外转移支付4.5万元(其他形式的经济来源);年支出一般5.5万元,主要用途为环境整治、干部工资、日常开支等。村民人均年收入为1.7万元左右,主要依靠种植业、外出打工
中丰庄村	村内无集体企业,私营企业2家。2014年经营性收入大约39万元,支出86.7万元,主要用途为村庄基础设施建设、环境整治、水电灌溉费用等。村民人均年收入为1.67万元左右,主要依靠种植业、养殖业及外出打工
八间房村	目前村集体固定经济来源为通信塔占地承包,每年大约2.5万元;年支出一般5万元,主要用途为村庄基础设施建设、环境整治、水电灌溉费用等。村民人均年收入在1万元左右,主要依靠种植业、养殖业及外出打工
大道张庄村	村内有集体企业、私营企业2家,从事木器加工和泡沫加工。目前村集体固定经济来源为土地及鱼池承包,每年大约3万元,年支出一般10万元,主要用途为村庄基础设施建设、环境整治、水电灌溉费用等;村民人均年收入为1.7万元左右,主要依靠种植业、养殖业及外出打工
霍屯村	该村为市级帮扶村,在帮扶组的大力支持下,村内新成立肉羊养殖专业合作社一家
小王甫村	村内无集体企业,有私营企业3家(从事生产加工、餐饮)。目前村集体固定经济来源为土地承包费,每年大约2.4万元,年支出一般2.4万元,主要用途为村庄基础设施建设、环境整治、水电灌溉、医疗保险费用等;村民人均年收入在0.8万元左右,主要依靠种植业、外出打工

村名	产业概述
富官屯村	集体经济年收入91.78万元,农民人均年收入在13 400元左右,村民收入主要来源为种植业
务子店村	2021年村集体年收入为25.4万元,村民人均年收入在1.62元左右,村民收入主要来源为水产养殖、大田作物、外出打工
中白庙村	村内无集体企业,有私营企业两家(从事地毯加工、饲料加工)。目前村集体固定经济来源为上级补贴和水塔租金,每年大约3万元,年支出一般3万元,主要用途为村庄基础设施建设、环境整治、水电灌溉费用等;村民人均年收入为1.8万元左右,主要依靠种植业、养殖业及外出打工
奶母庄村	村内无集体企业,有私营企业一家。目前村集体固定经济来源为土地及鱼池承包费,每年大约0.1万元,年支出一般2.5万元,主要用途为村庄基础设施建设、环境整治、水电灌溉费用等。村民人均年收入为1.5万元左右,主要依靠种植业、养殖业及外出打工;农业主要经济作物为蔬菜,无公害蔬菜生产基地4.2万亩,其中温室、大棚等设施2.6万亩,年产值突破5亿元,蔬菜销售收入已成为农民收入的主要来源。西务镇大沙河蔬菜批发市场是农业农村部定点蔬菜批发市场,产品销往全国20多个省(自治区、直辖市),年交易量40万吨,交易额3亿元
小龙庄村	村内无集体企业、私营企业。目前村集体固定经济来源主要为大路占地款和土地承包费,每年大约5万元,年支出一般5万元,主要用途为村庄基础设施建设、环境整治、水电灌溉费用等;村民人均年收入在1.5万元左右,主要收入来源为种植业、外出打工
大龙庄村	村内无集体企业、私营企业。目前村集体固定经济来源土地承包费,每年大约11.5万元,年支出一般13万元,主要用途为村庄基础设施建设、环境整治、水电灌溉、村民各项福利费用等;村民人均年收入为1.8万元左右,主要依靠种植业、养殖业及外出打工
土城村	目前村集体固定经济来源为土地及鱼池承包费,每年大约0.3万元,年支出一般1.5万元,主要用途为村庄基础设施建设、环境整治、水电灌溉费用等;村民人均年收入在0.6万元左右,主要依靠种植业、养殖业及外出打工
李房子村	主要种植粮食作物
南仓村	在以农耕为主的基础上,开始发展工业、商饮服务业、交通运输业、建立工业园区等农、林、牧、副、渔全面发展的道路。周边有南仓中学、滦水园、南仓立交桥、城中村改造全部拆迁建设的宾馆及商业街
王秦庄村	主要生产加工衬衣、肠衣、彩砖等,周边有京保工业园区(北仓工业区)、圣罗衬衫厂等。
屈店村	由于村镇工业不断兴起,屈店已成为北仓镇的新型工业园区之一。周边基设公服有屈店水利工程,屈店工业园区等
柴楼村	作物种植以一麦一豆轮作为主,开发性农业以蔬菜为主

三、基于工商业生产的传统村镇

在大运河沿线天津各村镇中,第二产业主要以传统产业为主,包括机械制造加工业、建筑业、手工业等;主要产品有化工制品、金属制品、塑料制品、食品、木器、服装等。如:高官屯村、东双塘村、生产街村、大白厂村、小钓台村、杨家园村、朴楼村、苟家营村、小河村、西钓台村等,如表 4-1-2 所示。

表 4-1-2　天津大运河沿线以第二产业为主的村镇统计

村名	产业概述
苏庄村	目前村集体固定经济来源 50 亩出租承包地和料场出租;年支出一般主要用途为误工费、电费、劳务费、杂工费等。村民人均年收入为 1.56 万元左右,主要依靠大田种植、外出打工
大白厂村	主要农产品有玉米、紫色包心菜、菠菜、秋葵、谷子。2021 年,南蔡村镇有户籍人口 47 000 人,南蔡村镇粮食种植面积 56 673.9 亩,畜牧业以饲养奶牛、生猪、肉牛、蛋鸡、肉鸡为主,奶牛存栏 7 544 头;生猪饲养量 1.7 万头,出栏 8 339 头;肉牛出栏 156 头;蛋鸡存栏 16.2 万只;肉鸡出栏 48 万只,生产禽蛋 3 289 吨,鲜奶 30 216 吨,累计植树 6 万余株,绿化带植树 399.9 亩,育苗 20 万株。蔡村镇工业总产值达到 23.2 亿元,企业以自行车、工艺品、橡塑制品生产为主
高官屯村	以金属制品加工、腌制品为主,主要产品有甜蒜、八宝菜、酱黄瓜、辣椒、萝卜丝等远近闻名
东双塘村	主导产业为汽车配件、预应钢丝、无纺布、食品等
生产街村	全街有个体企业 22 家,其中机械加工 19 家,食品业 3 家,食品厂生产的"龙康"锅巴和永丰醋厂生产的合力牌老醋均为名优产品
小钓台村	目前全村共有工业企业 5 家,主要涉及电镀、五金加工等行业
杨家园村	主要经济来源是工业制造,主导产品是镀锌铁丝、钢丝和预应力钢丝,共有生产厂家 70 多家,其产品远近闻名,被国内同行业誉为"华夏第一丝"
朴楼村	全村现有民营企业 4 家,主要涉及金属加工和纸制品加工
苟家营村	全村以机械加工产业为主
小河村	全村共有民营企业 4 家,以有色金属制造、五金加工为主
只官屯村	集体经济实力一般,个体手工户多,村民人均收入一般,以集体企业承包经营、个体手工业为主
梁官屯村	个体企业较多,村民大多在企业务工
程庄子村	集体经济实力差,村民人均收入一般,以农业种植、个体经商为主
袁村	主要经济来源以粮食种植、个体经营为主,主要农作物有小麦、玉米、棉花、大豆,部分村民种植的大蒜、辣椒等作物成为村民致富增收的重要途径
掘河王庄村	私营企业 3 家,主要从事绢花生产。目前村集体固定经济来源为上级拨款,每年大约 2 万元;年支出一般 1.8 万元,主要用途为环境治理、农田水利设施、灌溉等。村民人均年收入为 1.76 万元左右,主要依靠大田作物种植、外出打工和个体经营
靳官屯村	股份制企业、个体企业较多,村民大多在企业务工
赵官屯村	集体经济实力强,村民人均收入较高,集体企业租赁承包经营,村民在企业务工
林庄子村	集体经济实力一般,有几家个体企业,大部分村民在个体企业上班
东钓台村	农业种植以小麦、玉米、棉花、大豆为主;村民的主要务工方向是农业、工厂及小规模服务业,村民的经济来源主要是工厂工资及个体经营收入
王家营村	从事农业,兼顾工业企业

四、第三产业传统村镇发展

随着农业的发展,大运河沿线天津村镇中出现以观赏农业和农家乐等为主的特色农业服务产业。如苏庄村、西钓台村、玉田庄村、大河滩村、梁官屯村、靳官屯村、赵官屯村、曲庄子村、林庄子村、夏官屯村、马辛庄村、鲁辛庄村、尚庄子村、筐儿港村、尖咀窝村、小龙庄村、大龙庄村、掘河王庄村等,如表 4-1-3 所示。

表 4-1-3　天津大运河沿线以第三产业为主的村镇统计

村名	产业概述
西钓台村	以种植大棚为主,建有集餐饮、娱乐、休闲于一体的农家院式休闲园,以农村特色、生态特色、服务特色吸引各地游客
玉田庄村	主要经济来源为第三产业,建有玉田庄旧货市场,经营各种二手产品交易
大河滩村	主要经济来源以第一、三产业为主

总之,大运河沿线天津传统村镇在产业分布上呈现一定程度的不均衡态势,占据主导地位的还是以农业为主的第一产业。从统计结果来看,以第一产业为主要生产方式的村镇占大多数,以第三产业为主要生产方式的村镇次之,以第二产业为主要生产方式的村镇最少,如表 4-1-4 所示。

表 4-1-4　天津大运河沿线村镇产业分布统计表

第一产业	第二产业	第三产业
吕官屯村、府君庙村、郑楼村、宝稼营村、费庄村、沙古堆村、大白厂村、西崔庄村、大道张庄村、小王甫村、李房子村、良辛庄村、大赵家洼村、小赵家洼村、高官屯村、东钓台村、西钓台村、袁村、增福堂村、陆家村、刘羊坊村、三里浅村、尖咀窝村、中丰庄村、富官屯村、务子店村、小龙庄村、马辛庄村、鲁辛庄村、六合庄村、土城村、苏庄村、程庄子村、曲庄子村、夏官屯村、杨家园村、玉田庄村、大河滩村、王家营村、尚庄子村、老米店村、郭官屯村、聂官屯村、砖厂村、筐儿港村、中白庙村、奶母庄村、大龙庄村、掘河王庄村、小白厂村、卞官屯村、冯家村、刘家营村、霍屯村	高官屯村、东双塘村、生产街村、大白厂村、小钓台村、杨家园村、朴楼村、苟家营村、小河村、西钓台村	苏庄村、西钓台村、玉田庄村、大河滩村、梁官屯村、靳官屯村、赵官屯村、曲庄子村、林庄子村、夏官屯村、马辛庄村、鲁辛庄村、尚庄子村、筐儿港村、尖咀窝村、小龙庄村、大龙庄村、掘河王庄村

第二节　地域文化特征

　　"地域"是指文化所产生的地理背景,是指在一定区域内的,具有较强地理指向性的区域;地域文化中的"文化"既可能是单一要素,也可能是多元要素的相互融合。地域文化是指在特定区域范围内,通过居民活动和自然环境相互交融,进而打上地理印记的某种特殊文化,因此各个地区都具有各自独特的文化特征。另一方面,地域文化在随着时代的发展而不断演进变迁的过程中,会在历史发展的不同阶段形成相对稳定性,所以地域文化的发展也体现出阶段性发展的特点。

　　大运河沿线天津地区拥有厚重的历史文化底蕴和独特的地域文化魅力,民间文化源远流长、独具特色,不同区域的分化发展还在不同的地理环境影响下与当地村镇居民的生活不断融合,在运河文化大背景下形成不同的文化特点,在长期发展的过程中积累了丰富的红色文化、民间文化、民俗文化等历史文化要素。

一、方言文化

　　方言作为一种交流媒介可以增进人们之间的感情,大运河沿线天津村镇也有多种方言。方言作为文字的补充,部分意思只有方言能够表达出来。

二、文学艺术与历史传说

　　历史上,大运河沿线天津地区在诗词方面留下了许多名篇佳作。如明代文士靳贵所作《宿河西务》:"两宿河西务,离心日几回。望凝天阙近,门讶使车来。寒气著人薄,晴光向客开。明朝须早发,疋马上金台。"

　　自近代以来,这里更是名家辈出,革命先锋安幸生,登高民族英雄杨连弟,中国传统文化名家张伯苓、温世霖、温瀛士等,我国现代体育名将穆成宽、穆祥雄都成长在这片沃土上。

三、民俗文化

大运河承载着沿河村民生活记忆。如西青区国家级非物质文化遗产香塔音乐法鼓、霍氏练手拳等传承与发展；北辰农民画、话剧小品、广场舞蹈的发展。天穆为回族聚居区，一直保留着鲜明的民族特色、浓郁的民俗文化，以及戏剧、曲艺、歌舞等民俗文化。

第三节 传统村镇发展案例解析

一、祁县——汾河平遥段传统村落空间保护和发展

（一）传统村落的概况

1.传统村落的整体分布

山西省现存的历史文化遗产丰富，仅据中国传统村落名录统计的就有550个，位列全国第五。除了登记在册的传统村落，山西省还存在大量未列入名录的传统村落，但由相关文物保护单位登记在册的村落。本案所研究的汾河流域中游，为山西传统村落最集中分布的片区所在，现有106个传统村落。其中，在我国传统村落名单中有41个，乡镇管理部门和文保单位登记在册的有105个。从行政单位区划角度看，汾河流域的中国传统村庄分布也不均匀。传统村落分布由多到少分别为太谷县（43个）、文水市（33个）、齐县（24个）、平遥县（23个）、汾阳市（16个）、交县（7个），其他区域没有传统村落。平遥县拥有国家级传统村落（10个）最多，交城县（2个）最少。传统村落的整体空间分布形态为中部聚集大部分，东西部少量分布。

2.传统村落的空间形态

汾河流域的传统村落选址直接影响其空间分布形式，所以按照传统村落离汾河的远近，依次分成邻水型、近水型和离水型。

1）邻水型

邻水型传统村落分布在汾河水系 0.5 千米以内的区域,一般坐落于山间的台地或者河谷地带,并且为防止洪涝灾害,一般其邻近的水系规模较小。大部分坐落于山间台地的传统村落的空间形态较为分散,居民点、农田和水系混合分布;少部分为组团状分布,水系环居民点和农田分布,满足乡村生产和生活用水需求。选址于山间河谷的传统村落,其空间形态较为规整,一般以点状或者带状分布于水系一侧,其空间格局以山—村—田—水系—山为主。

2）近水型

近水型传统村落,通常散布在离水 0.5~1.5 千米的区域内,坐落于平地或者平原和山区之间的过渡地区。村庄的平面形状是一个较为规整的集群,附近的水系规模也较大。总体布局以居民点为中心,四周布置田地,水系前后贯穿田间,呈环状圈层的布置模式。分布于过渡带的传统村庄,由于受地势高度的影响,在传统村庄的各要素之间顺着山势平行布置。

3）离水型

离水型传统村落通常散布在距水 1.5 千米以上的平地以及平原与山区之间的过渡地区。村落的空间形态以集群为主,农田分布在村落周围。其中,分布于过渡地带的传统村落由于其先天地理环境条件优越,形成了四周被山谷环绕的防御体系。由于村落周围地势相对平坦,开阔区域较多,近水型和远水型传统村落的发展扩张余地充足,有单边发展和多边扩张两种模式。

（二）保护与发展策略

1. 保护和发展模式

根据传统村落的文化和地理资源、空间形态和社会关系,对传统村落进行归类,提出相应的保护与发展建议。祁县—平遥河段的传统村落保护工作,把传统村落分成村庄开发型、村庄自生型和遗址保存型三个类别,并以汾河为线索,根据传统村落的社会关系,对不同类别的传统村落采取不同的更新途径和手段。对于资源丰富、人口众多、发展潜力巨大的传统村庄来说,农村生活质量的全面改善必须伴随着遗产保护利用和生活环境改善。对于自身发展条件较差的村庄,应积极努力整合资源,充分利用线性文化遗产元素和邻近村庄和城市共同发展,形成新的社区。对于遗址型村落,可以通过场馆保护和书面记录来保存传统村落遗址的历史信息。在这一过程中,以线性流域为基础,整合研究区域内相关的资源,探索对传统文化的保护和发展的新模式。

2. 分类保护和发展策略

1)村落开发型:遗产保护,环境改善

这类传统村落具有良好的空间条件和自然资源,可通过科技手段发展现代农业,并基于特色的历史文化遗产发展以文旅为基础的服务产业。在发展传统村落的同时,也要注重文化遗产的保护和人居环境的改善。通过对传统民居、公共建筑、街巷肌理以及历史文化景观等物质文化遗产的保护,以及对传统居民生活状态和传统节日习俗等非物质文化遗产的传承,推动以文化促经济,通过文旅产业的创新推动传统文化的传播。

人居环境的改善也是这类传统村落发展的重点之一。提高居民的生活条件,在传统的生活环境中植入现代生活条件,提升村民的幸福感。改善生活条件包括改善住房条件、改善供水和排水系统以及治理村庄环境。传统村庄只有解决其人居环境和基础设施问题,才能缓解年轻劳动人口的流失。

(1)传统建筑的保护和利用。

传统村落的传统建筑包括居住建筑和公共建筑两种建筑。首先要在整体上保护历史景观风貌。其次,对于房屋质量较好的传统居住建筑,在延续其传统历史外表的基础上,可以基于居民现代的生活生产需求,植入新功能、新格局。传统民居功能置换的经济效应可能远远小于住宅使用的经济效应。因此,改善居住环境,提高传统民居的入住率是传统民居延续的主要途径。对于房屋质量较差的传统居住建筑,可对其进行必要的修缮和重建。新建的建筑要延续传统的历史风貌,但可以有局部的创新,使新旧建筑在风格上有一定的统一。

对于传统村落内现存的历史公共建筑,如祠堂、戏台、门楼等建筑,要根据历史文化遗产保护的原则和方法,保持传统历史遗产的原真性、完整性和科学性。对于现存的传统建筑信息进行挖掘和筛选,可画线保护,也可植入新功能,作为传统村落整体文化的展示空间。

（2）街巷肌理的梳理和延续。

传统村落的街巷系统是传统村落的骨架，串联了整个传统村落的生产和生活空间。与普通村落相比，历史街巷是传统村落的独特元素之一。在改善居住环境的过程中，可将村落的街巷分为两部分——历史街巷和一般街巷。历史街巷基于两侧的历史建筑，形成一定的空间尺度，这部分街巷应保留其历史信息，对于路面进行一定的保护和修复。对于一般街巷，可通过梳理现有的路网，对断头路进行一定的连接。对于路面的修复，可采用与历史街巷色彩相似的材料，以统一整个传统村落的风格。

（3）基础设施的配置和改善。

基础设施的配置包括改善传统村庄的环境卫生、供水排水、电力电信以及教育医疗等。首先，改善农村内部的基础设施，可从传统村落的整体出发，基于人口需求进行配置，并对老化的线路进行升级改造。其次，可以基于多个相邻村落规划集中供水、供电，以及垃圾回收处理等，使传统村落的居民的生活现代化。再次，在传统村落的环境保护方面，结合当地树种，种植具有经济效益的树木。最后，对于传统村落的教育医疗，要形成区域性的基础教育和医疗网络，保障传统村落的居民生活。

2）村落内生型：内部激活，区域联动

村落内生型的传统村落历史资源和自然资源优势不明显，在历史发展的过程中，由于各种因素限制其发展，导致人口流失严重，村落空心化严重。这类传统村落一般以农业为经济支撑，规模较小，交通不便。针对这类传统村落，在对其历史文化进行保护的同时，依托周边发展条件较好的传统村落的自然资源和社会资源，形成区域联动，规划一体化的发展线路。

（1）利用水系、路线等线性文化元素，构建发展区域。

线性文化遗产将不同的环境元素联系在一起，形成独特的文化景观。线性文化遗产有自然形成和人工建设两种形式。自然形成的线性文化遗产包括水系、山脉等，人工建设的线性文化遗产有历史上建设的道路、构筑物、航运水路等。这些线性的文化遗产，对其沿线的传统村落的形成和发展息息相关，线性遗产和传统村落共同构成了线性文化脉络。传统村落可以依托线性文化遗产，联合起来共同发展，如道路网络和河流水系，充分利用自然资源和传统村庄,沿着路线,并结合村落自身的特点,开发构建区域共同体。

首先,以线性文化遗产为主线,联系周边的自然资源和文化资源构建风景旅游区。例如,昌源河作为汾河主要支流之一,其沿线的传统村落利用昌源河国家公园及其沿线的祁县九沟风景区和子洪水库,沟通构建旅游线路。对于传统村落发展来说,以自然景观为主,人文景观为辅,可充分利用码头,结合昌源河丰富的沿江景观,设置水上观景长廊。借助沿河开放的区域设置开敞的公共空间,游客可在此观景,为传统村落带来发展机会;利用科技手段,结合沿线的农业产业,打造农业体验。

其次,依托现有的古驿路,规划道路交通,连通各个村庄,为自生型的传统村落的发展带来机遇。例如,明清时期太原至南京的驿路,由于现代城市道路的建设,驿路的交通功能被G208国道取代,但路线方向与历史记载保持一致,其文化内核并没有消失。依托于G208国道的便利性,更好地促进了传统村落的一体化发展。

(2)统筹城乡发展,打造活力空间。

现代快节奏的城市生活使城市的居民更加向往乡村生活。传统村落大多位于风景优美的地方,特别是发展基础较差的小型村落,因其发展缓慢导致传统历史风貌得以保留。自然风光和携带历史文化信息的村落建筑都对城市的居民有巨大的吸引力。这些缺乏发展动力的传统村落,除了向其他具有发展动力的传统村落寻求帮助外,还可以借助自身的自然和文化元素,打造城市居民休闲度假区。在这种模式下,游客可以选择传统民居、农业采摘、观光旅游等体验。随着传统村落内生的动力推动发展,可以为村落内的居民提供大量的就业岗位,甚至吸引外流的年轻劳动力回流,抑制村落空心化的趋势,激发村落活力,实现传统村落的再生。例如,范家庄村内文化遗产丰富,有古代晋商建造的青龙村(潜山村)和池坞村,以及具有防御功能的山寨苗寨。这些山寨的存在使范家庄村具有一定的文化优势和自然优势,支撑了范家庄村的文旅发展。

3)遗址保护型:遗址保护,产业转型

遗址保护型的传统村落是指在历史的发展进程中,由于各种原因导致村民迁出、空间衰落,以致整个村落消失,只剩下部分建筑遗址,可以证明传统村落曾经的存在。在本研究区域,这样的传统村落很少,如乔家堡村。与以往的文物保护单位相比,传统村落至今仍在持续使用,属于"主动"保护类型。物理空间与村民之间的交互和依赖性特别有限。由于一些经济或社会原因,当一些村民无法在村庄生活时,需要通过现代化的技术手段,对现存的传统村落遗址进行修缮保护。实现对文化遗址保护的手段很多,包括数字影像展馆、VR技术的历史空间再现、电子语音讲解等,但是这些需要一定的资金支持。

乔家大院作为乔家堡村的一部分,在现代的旅游发展中,其所处的村落逐渐消失,乔家大院周边的历史环境全部被破坏。仅剩的乔家大院已经失去了其传统的社区关系,仅留下传统的建筑物,最终将失去其真正的历史意义。现在,乔家大院周围除了有必要的旅游服务设施外,被大量的古建筑所包围,庭院的空间形态会随着时间的推移遭到进一步破坏。相对于乔家大院所在村落的没落消失,山西省冷泉村则是将整个村落分为新村和旧村两部分发展,新村进行发展,旧村着重保护,实现对传统村落的保护和发展。

二、茶马古道——基于遗产价值评估研究

(一)传统村落概况

滇西"茶马古道"大理段地处云南省大理白族自治州。凭借其独特的地理环境,自汉代开始,大理就成为我国茶马古道和南方丝绸之路的主要交会地点,沿线主要城镇和驿站兴盛,之后逐渐成为"茶马古道"中最主要的一部分。新中国成立后,大理已成为滇西地区的城市副中心和主要综合交通枢纽之一,仍在滇西区域的文化中心、商业中心、休闲游览中心和重大交通要隘中居主要地位。本研究选择了滇西"茶马古道"大理市区段的沙溪、牛街、西洲等主要物质资源交易场所、集散中心和驿站作为聚落保护的研究对象。

本书以传统文化遗产保护的相关理论知识为基础,首先把关于传统聚落的宏观层次的传统聚落保护系统研究和微观层次的群落典型特点研究整合在一起,再通过对"茶马古道"沿线聚落周边环境现状进行实地调研,将传统聚落特征要素、保护开发工作、公众参与意识三个方面综合到一起,采用AHP层次分析法建立聚落评价指标体系,采用全排列多边形图指标法对"茶马古道"沿途分布的传统聚落遗产价值进行了量化评估,作为建立"茶马古道"

等可持续保护措施的主要依据,有着重要意义。

(二)"茶马古道"沿线聚落遗产价值评估

1.评估体系构建的原则

根据对可持续保护和利用、面向当代、"抓重点、补短板、强弱项"、地区差异性、引导保护等措施的要求,对聚落环境评价系统构建时应当坚持以下原则。

1)系统性原则

聚落的历史文化遗产分为物质文化遗产和非物质历史文化遗产两个部分,既要保护和弘扬我国优良的传统文化,也要适应本地市民对日常生产、生活的需要。所以,评估指标体系应该更加全面、客观地体现传统聚落保存和发展的特点。

2)代表性原则

遗产价值评价系统中所涉及的传统聚落评价因子,应当具备一般传统村落所具有的基本特征和典型性,并同时也可以运用于一般的传统聚落遗产价值评定。

3)弹性原则

评价体系是文化遗产群体评价的基本框架和方法。但它不是一个"通用公式"。因此,当评价对象自身的特殊性、差异性较大时,应结合具体的评价对象进行适当的调整。

4)可操作性原则

本次建立聚落遗产价值评估系统的主要目的是为了引导保护"茶马古道"及沿途聚落文化遗存保护措施的建立,所以建设该价值评价系统的要点就是做好与逐项评估成果的对比工作,而不是通过综合评估成果,查找各评估因素的优缺点,以便提出更具体的保护措施。

5)地域性原则

鉴于我国地域辽阔,东西部文化、经济、自然条件差异巨大,且"茶马古道"沿线传统聚落特色突出,因此在评价因素和定量指标的选择上都应根据具体的评价对象进行调整和完善。

2. 评估因子选择

在选取构建评价系统的价值评估因子时,需要注重考察如下三个因素:第一,已获得国内学术界普遍认同的人类聚落遗产价值评判因子种类;第二,当前国家关于物质与非物质历史文化遗产保护工作的总要求,即面向当代,协调一致,保存和使用之间的有机协调;第三,为了改善在物质与非物质历史文化遗产所在区域范围内的常住居民的基本生产、生活方式有积极作用。

1)聚落特色构成要素

将"茶马古道"沿途分布的聚落特色要素按其生存的形式又可分成物质历史文化遗产与非物质历史文化遗产两类,按类型又可分为自然物质环境、人工建(构)筑物和文化三种类型。一般认为,物质要素主要包含大自然与人工的建(构)筑物内容,而非物质要素则主要是指聚落的人文内容。"茶马古道"沿途聚落的维护应当是对聚落整体环境的维护,既要延续聚落的传统布局、空间尺度、历史风貌,以及建(构)筑物的基本结构形态,又不能改变聚落内相互依存的自然条件与环境。

2)保护措施与建设发展

(1)保护措施。

措施编制主要包括"茶马古道"沿线聚落保护规划的编制和修复工程设计方案的编制;具体保护措施的实施;各项聚落公共基础设施的配套完善和保护机制的建立等规定。历史文化保护规划的深度仅达到控制性详细规划的深度或部分达到修建性详细规划的深度即可,因此编制的保护规划多用于指导古镇、古村落的保护管理实施和一般简易建(构)筑物和聚落地域内景观环境的修复与修缮。

①恢复与改造工程:针对级别较高的文物保护单位、构造相对较复杂的历史建(构)筑物、文化景观,以及自然环境的恢复、修缮和功能完善,政府必须另行编制详尽的工程设计方案,指导修缮和功能完善。

②保护工程实施:保护与修复传统聚落的关键是保护和修复工程能否按照规划编制和制定的设计方案进行施工,我国西南部大多数地域经济发展相对落后,对物质及非物质文化

遗产的保护重视程度不高,因此很难有足够的专项资金用于聚落保护专项项目的实施,这是物质与非物质文化遗产保护面临的最严峻的问题。

③保护设施完善:对文物保护单位、重要历史建(构)筑和城市景观环境进行登记、审批和挂牌,在核心区设置保护标志栏。

④保护机制:包括古镇及古村落保护管理措施的制定,有关管理机构和工作人员的设置,保护和维修费用的筹资融资。

(2)建设发展。

①规划编制:村镇规划编制工作主要内容包括城乡村庄规划、旅游、工业、市政等公共设施的专项规划,做到环境保护规划与经济发展规划相结合。

②人才培养:根据我国、省、市(区)、县人民政府的制定的相关政策,通过适时进行人才培养与训练,让本地村民掌握农村就业关键技术,帮助其投身到中国传统乡村区域范围内的现代农业、生态化农村、旅游休闲化农业、农产品加工业、农村创业工作革新、农村观光旅游等发展建设中。

③产业引导:促进沿线聚落经济和第一、二、三产业的深度融合发展,如休闲农业、农村特色商品加工制造业、旅游观光、教育、艺术文化、健身养老等行业。积极发展多样化的农村休闲娱乐,努力建立富有历史、地理、民族特色的旅游乡村,积极有序发展新型农村旅游娱乐产业。积极发展智能化、信息化的农村旅游特色产业,进一步提升农村旅游网络运营与营销实力,形成全覆盖的智慧管理平台。做好对"茶马古道"及其沿途分布聚落的传承与历史文化保护,并科学合理利用历史非物质文化遗产,带动广大公民尤其是中小学生参加历史非物质文化遗产保护科普教育和农耕体验活动。

④游览设施建设:游览服务设施主要分为游览公共信息咨询系统、游览交通便捷服务体系、游览便民利民服务机制、游览观光娱乐服务管理制度、游览安全服务管理制度、游览行政服务管理制度等。

⑤区域价值:主要是指沿线聚落在其所辖城镇的功能,以及其自身具备的一系列可以利用的价值,如经济价值、文化价值和生态价值等。

（3）公众参与。

本书所界定的公众参与主要包括三个方面：第一，公开征集规划设计意见；第二，涉及当地居民的生产生活能否得到改善；第三，影响当地居民居住和工作便利的住区基础设施建设情况。

①建议征求：第一，研究如何在"茶马古道"及其沿途聚落内的重要广场建筑、集镇出口、居委会建筑等重点公共场合，设置有关公示发展规划设计方案的宣传单，以及有关管理部门如何有效地向农户群众传达与征询有关历史文化遗产保护和发展规划的建议；第二，相关政府每年度是否制定详细的有关聚落保护与开发工作计划和项目施工预算，这是衡量地方政府是否有作为、廉洁、高效的有效方式；第三，是否及时公布近期要开展的保护和建设项目的具体建设计划和项目预算，并公开征求群众意见。

②村民利益：引入合作制度，通过总结以往的工程建设经验可知，建立合作制度不但对充分调动社区内各主体的积极性具有重要的意义，而且可发挥多元主导的优势，实现多元主体的利益共赢、利益共享，避免多方冲突和社会纠纷。

③生产生活安置：鉴于聚落内可能存在一些需要重点保护的单位，以及改善人居环境品质和充分合理利用文化遗产的需要，一部分当地居民可能需要搬离原居住地，并且一些新增加的发展建设项目或将占用少部分耕地，所以各级政府要充分考虑当地居民搬迁后的生产生活等一系列问题，在不侵占当地社会资源的前提下为当地居民提供良好的生活环境，带领当地居民摆脱贫困，防止社会矛盾发生。

④公共收益再利用：管理部门可利用公共收益对聚落内部的建（构）筑物进行改造和修缮，如贵州省西江千湖苗寨村委会决定将50%的当地景区门票收入用于奖励为历史建筑和非物质文化遗产保护做出贡献的村民，以此调动当地居民保护历史文化遗产的积极性，同时也使当地旅游业的发展获得可持续发展的动力。

⑤生活便捷化：这是关乎民生的基础问题，正如文中所述，城市聚落不仅是市民开展生产生活活动的主要场地，而且是历史文化遗产存在的重要空间载体。要想"记得住乡愁""留得住乡情"，政府必须给村民提供高质量的公共配套服务设施，让村民在此安居乐

业。因此,当地居民基本的生活和生产环境品质和安全应该得到保障,城市和村镇之间不应该有很大的差距。

⑥房屋利用的合理性:一些文化保护单位和历史建筑不适合作为餐饮和酒店的营业场所;倘若在居民区设置酒吧、舞厅等嘈杂的文化娱乐场所,可能会对居民造成滋扰。

(三)保护和发展策略

1.可持续保护思路

1)面向当代

聚落不仅仅是人类历史文化遗产集中存储与展现的物质空间载体,而且是各地市民共同汇集在一起、赖以生活的场所。所以,对聚落的保护工作,不但要保存和弘扬中华民族最优秀宝贵的物质与非物质文化遗产,同时也要支持当地村民改善生产条件和生存栖息环境,改善村民贫困现状。

2)协调一致

做好对历史文化遗产在社会、经济、人文和环保等方面的可持续保护利用是进行可持续保护的主要渠道。文化遗产的保存和使用与民众美好生活的需求密切相关。这就需要把聚落历史文化遗产保护工作与社区经济发展、城乡建设、生态环保和市民的生产生活等相互统筹;并把保存历史文化遗产作为发掘"茶马古道"沿线聚落历史文化遗产的重要前提而加以研究,从而为人民群众提供更丰富多元的民俗文化服务。

针对中国西南传统聚落的保护问题,当地从国家总体层面上加大了政策、资金等投入领域方面的支持,尤其是在人才培养技能、文化产业发展等领域方面,以逐步提升本地市民的生活水准,并缩短其与中国东部沿海先进区域之间的差距。在区域层面,当地政府要结合"脱贫致富攻坚战""城乡复兴""三张卡""建成我国最美地区"等一系列总体目标的实现,不断提升传统聚落在历史文化遗产保存、自然环境、城市基础设施、文化产业发展等几个重要方面的综合状况,努力构建生态宜居、文化产业繁荣的国家传统文化名镇名村。

3)创新发展

十九大报告指出,要加强文物保护利用和文化遗产保护传承,激发全民族文化创新创造活力,推动中华优秀传统文化创造性转化、创新性发展。我们要树立文化自信,践行大众创业,万众创新理念,为弘扬中华传统文化做贡献。

创新研究与探讨更适合云南本土文化和"茶马古道"沿途聚落的可持续保护和发展;要充分考虑中国边境地区的自然环境、历史文化遗产特色、文化产业方向、民俗风情以及基础设施条件都和世界其他地方有很大不同,要一直坚持着保护弘扬茶马文化和创造发展茶马旅游的发展宗旨,从提升聚落内部社会环境、地域互动、技术应用、政策攻关、行业指导、协作机制、人才、商品经营、施工技术、建筑材料等方面,加强社会管理力量建设。要发掘、整理聚落的历史人文资源优势,认真做好历史文化遗产环境保护,积极支持和培育以非物质文化遗产支撑的第三产业蓬勃发展,以历史人文旅游名镇、名村带动乡村振兴和城镇化发展进程。

2.可持续保护策略

1)文化保护传承

文化是一个国家、一个民族的灵魂。文化兴国运兴,文化强民族强。没有高度的文化自信,没有文化的繁荣兴盛,就没有中华民族伟大复兴。可持续发展是文化保护的必由之路。中国先进传统文化作为重要力量将全国各族人民紧密地团结在一起。中国的传统文化素质教育,植根于中华民族的五千年历史文明发展传统和中国特色社会主义实际之中,有着突出的时代特色。

我国从明清时期闭关锁国以来,传统建造技术和学科知识故步自封,而现代城市规划建设的方式和理论知识也基本上都是照搬了西方国家的研究成果,现代建筑园林整体性和系统化都偏弱,造景手段和风格在全国千篇一律、盲目模仿、毫无特色。再次审视中国现有的历史人文名镇名村,由于真正的中国古代建(构)筑物现在保存的数量非常少,加上定期维修保养有失妥当,导致了现如今不少保护好的古村落、竹泉村依然有着很多危败残破的房屋,而有关管理部门也没有很有效地正确引导和管理村民维护好古建筑物,各类私搭乱建破坏文化遗产的原真性的现象常有发生,并随着"网红民宿风"的兴起,为了获取利益,许多"百年老宅"被经营者过度翻新和过度改建,建筑混搭现象也非常严重。

文化认同和文化传播是中华民族生存的基础,是中华民族继续发展的前提,它们的重要性是显而易见的。为有效转变上述发展情况,走上文化自信的强国之路,需要在以下几个方面进行部署。

（1）增强传统知识和传播的实效性。

把传统文化的教育内容整合到现代学校教育中去,使之和素质教育、课外活动等融合在一起,以推动优秀的人类历史文化遗产中的戏剧、书法、美术等高雅文艺部分以及把传统体育活动和现代校园生活紧密联系,从而形成了全社会保护—传承—发扬我国优秀传统文化教育的大局。

（2）加强和改善对聚落保护与传播的引导与监管力度。

定期举办有关历史文化遗产保护和开发利用的专项培训班,并利用政府公告栏、网络、电视等线上、线下媒体宣传历史文化遗产保护与传承有关内容。强化对历史及非物质文化遗产保护区的监管,加强对损毁国家历史及非物质文化遗产项目的处罚力度;同时强化相关主管部门对历史文化遗产遗漏状况的监管,将其纳入年终评估内容。

（3）推进传统文化的创新发展。

在全球化的大背景下,文化创新是在激烈的文化竞争中应对世界文化趋同的冲击,生存和发展是核心。创新是国家与民族进步的动力,是中国传统文化的源泉。即便是最伟大的传统文明也需要顺应新时代的发展要求,对传统文化现代性的创新进行转型,如此才能赋予传统文明全新的文化内涵与活力。

2）"茶马古道"整体申遗

推动"茶马古道"申报世界文化遗产,是促进"茶马古道"以及周边村落文化保存和延续的最直接、最高效的渠道。"茶马古道"的申遗工作需要做好以下准备工作。

首先,梳理并明确"茶马古道"的遗产价值,即"茶马古道"的传播路径以及"茶马古道"是怎样推动世界文明进程的。因此,建议将"茶马古道"重新分为产茶地、路线中转区、消费储存区三个区域进行研究。其次,加强区域合作。已知"茶马古道"主要是通过中国的云南、四川和西藏三地。所以,应积极地构建三地联系合作,共同推动"茶马古道"申请世界遗产。最后是对"茶马古道"沿途重要历史文化遗产实行应急保护。目前,"茶马古道"自身和附近聚落的大部分历史及非物质文化遗产,因经济落后、重视不足、资金匮乏、人口稀少、城市发展等原因正在逐渐消失,而线性文化遗产廊道的保护是一个系统工程,数量大、范围广、难度大、内容多。因此,对"茶马古道"沿线聚落的保护,应做到短期与长期相结合、局部与整体相结合,在强化体系的同时,先解决当地亟待解决的问题。

3)区域联动发展

"茶马古道"大致分布于中国的云南、四川、西藏三地之间,其各自的人文文化与天然旅游资源优势多姿多彩,各具特点。随着中国自驾游和大众旅行事业的蓬勃发展,滇藏、川藏、川滇都是中国国内最热门的自驾游路线。如果我们能够主动衔接,共谋发展,积极推进区域合作,以"茶马古道"沿线的镇、乡、村和优质景点为主线,对于打造滇、川、藏的旅游整体品牌优势,推动旅游质量提升和主题运营,将发挥巨大而不可估量的作用。

(1)不断创新管理机制。

形成由政府部门领导、群众共同参加的"茶马古道"保护性开发利用协作制度。充分借助云南、四川、西藏三个省区各自的文化资源优势,对"茶马古道"的人文内涵进行深度挖掘,针对全域旅游发展、建设、产品开发、资源共享、信息和人才等相关方面制定保护和开发规划,加强合作,实现各地区之间的联动发展,打造"茶马古道"保护与开发利用的命运共同体。

(2)参考"国家公园"系统体制。

根据"茶马古道"旅游线路和社会、历史、民族、文化资源的分布和范围,建设系统的"茶马古道"民族历史文化主题公园,设立单独的管理机构,引导社会各界开展有针对性的专项维护和使用,同时也扩大"茶马古道"在区域内的影响力。

(3)坚持共同发展,协调区域保护工作

"茶马古道"所在的云南、四川、西藏三个省区要共同争取国家有关部门在历史文化遗产保护、资源利用、配套设施、产业支撑、生态文明建设、扶贫攻关等方面的政策,并通过共享合作、共享维护、共享发展,共同带动整个经济社会的积极参与,提高公众参与的积极性。

4）社区环境改善

目前,我国的主要矛盾是在民众对日益增长的美好生活要求与不均衡不完善的经济发展之间的平衡问题。由于"茶马古道"沿线传统聚落的基础设施不健全、聚落内人口稀疏、环境卫生要求差、就业渠道少等诸多因素,造成传统聚落内的社会问题凸显,部分聚落内目前出现空心化、衰落化的现象。为此,我们要根据国家的重大建设兴国战略,严格遵循生态宜居、工业繁荣、管理高效、人民生活富裕、乡风文明的总体要求,积极推动农村供给侧改革,尽快解决一、二、三产业高度融合、改善沿线各聚落的交通、卫生、健身、文娱、供水、供电等信息基础设施;稳步改善农村人居环境,推进"厕所革命",改变农村习俗,建设宜居宜业、生态文明的传统村落。

5）文化遗产活化利用

以科学、合理、适度为前提,将"茶马古道"沿线聚落文化遗产及历史建(构)筑物分为三类,以便进行积极合理的使用。

第一类:建议保持祖庙、大宗祠等传统宗教祭拜建筑的文化传承功能,以适应村民的宗教信仰与传统文化传承。

第二类:对于书院和传统民居,应当引导农户维修破旧现有住宅,完善既有建筑物的功能,使之充分发挥其教育和住宅的功用,而不是拆迁或新建住宅,这样既能够节约用地,也可以保护传统房屋。一些因年久失修、长期废置而有一定保存价值的房屋,则应由当地政府、村民等集体出面或私人出钱租用或收购其所有权,并根据"修旧如旧"的原则对其加以维护,或者通过开展娱乐度假、展厅、图书馆、商品销售、住宿客栈等对古建(构)筑物影响相对较小的项目,从而实现乡土居民住宅的保护和再利用。

第三类:类似古戏台、四方街等的公共敞开空间,可结合云南地方风俗、戏剧、舞蹈,在此举办镇(村)级文化体育活动和文化娱乐项目打造具有云南特色的旅游体验活动。例如,在丽江大研古镇四方街村民们每天晚上自发开展的纳西族传统的"打跳"舞蹈教学活动,不但给旅游者带来了独特的体验,而且丰富了当地居民的业余日常生活。衙门等公共建筑,也用作村级活动室、中小型博物院、室内剧场等。

　　总之,传统聚落文化遗产保护工作要和本地村民的生产生活紧密联系,以实现历史物质与非物质文化遗产资源的可持续合理使用,让历史与非物质文化遗产资源历久弥新,源源不断地传承下去。

　　6)社会经济发展

　　"茶马古道"聚落活力缺失、青壮年人口流失的问题日益显著,其主要原因是当地社会经济水平相对落后、就业渠道匮乏。走访与实地调研的过程中,村民留在城市的意愿明显,村民表示若收入能达到城市收入的三分之二以上,回到当地工作的意愿显著提升,而且可以照顾老人和孩子。农忙或旅游旺季的时候,部分有能力和智慧的村民选择在家工作,在农闲或旅游旺季的时候,他们选择外出工作,从而提升家庭收入。因此,留住村民的有效途径就是先让村民富裕起来,支持当地产业发展。

　　目前,对当地村民的安置存在误解的情况屡见不鲜。开发旅游业是社会经济发展的主要途径,然而这就意味着会放弃原有的传统产业,一定程度上投资风险会变大。例如,云南省政府建设的特色城镇,尽管已经投入数百亿资金,但是事实上依旧存在许多问题,需要得到解决。由于前期监管的缺失再加上洱海保护的需要,停业整顿或拆迁是当今大理洱海地区多数民宿需要面对的普遍问题,这给小微投资者造成了巨大的损失。

　　在提高我国农业的国民经济地位的同时,也要促进了农业社会国民经济快速发展。结合"乡村经济振兴战略"的核心要义,积极推进农业经济供给侧改革,将第二、三产业经济发展和农业经济发展进行有机融合,强力发展特色有效、生态化的现代农业。云南省地处高原和山区,大部分地区具有亚热带和热带自然环境特点。针对山地多、土地少的云南现状,山地综合农业和高原特色农业务必大力发展,构建健康有机绿色品牌。

　　在发展第二、三产业的过程中,引入合作社机制是重中之重,岗位培训、互联网转型是有效途径,合理利用科技知识,政府和企业家才能带动村民致富。素有"模范"之称的乌镇,坚持"历史文化遗产保护与再利用"是成功的关键,文化保护、文物保护、环境保护等项目的实施将乌镇这一传统滨水小镇打造成集美食、美景、文化于一体的特色小镇。以住宿、交通、旅游、购物、娱乐为一体的休闲旅游区。其成功的合作模式是核心,只有政府、企业、村民共同参与,整体运营、保护、建设,产品精心规划、品牌营销,文化深度挖掘,旅游服务设施等合作模式才能整体统筹,无序开发和恶性竞争才能避免,旅游产品的质量才能得到保证,古镇才能实现"人无我有,人有我优"。

7)科技创新

大数据、物联网、3D技术等一系列新技术的迭代创新,为"茶马古道"沿线聚落文化遗产保护提供了有利的技术保障。促使村民建造"小洋楼"而不是旧房子的主要原因如下。首先,古建筑的功能不能满足现代生活的需要。其次,维修保养古建筑所需的人力物力太大。最后,旧有住房不方便出行,当地大多数居民希望在主干道附近重建房子。村庄进行有机更新,功能和交通不满足的问题在一定程度上得到解决。为更好地降低古建筑维护成本等,引进新技术愈发重要。

对古建筑进行保护宣传也要与时俱进,综艺节目《国家宝藏》通过名人代言来进行有效宣传,博物馆馆长亲自讲解,创新点在于舞台与实景模式天马行空的碰撞,成为我国历史文化遗产的保护和科普知识的重要平台,对于引导公众密切关注有了很大的帮助。

8)生态环境保护

2014年习近平总书记在云南大理洱海边的古生村进行实地考察时强调要向保护眼睛一样保护洱海,以及美丽乡村的建设应该做到看得见青山绿水,记得住乡愁。"茶马古道"沿线的传统乡村聚落不仅拥有丰富的历史文化资源,而且村落周围和村落内部都有各具特色的生态自然风光,凭借着优美的自然风光和深厚的历史文化资源,"茶马古道"沿线聚落共同构成了一幅山水、田野、村庄相互融合的优美画卷,成为聚落良好的生态优势,绽放着古村落新的生机。

近年来,由于社会经济以及群众生活的改善,人民群众对清洁的室内空气、洁净的饮用水、良好的环境条件、安全的食物等的要求也越来越高,而大自然在人类生存幸福过程中的重要意义也越来越受到人们重视,大自然问题也已变成重大的民生问题之一。"茶马古道"沿途及周边聚落都将保存其天然生态环境,将独特的天然风景和中国历史人文、民族传统文化相融合,形成集历史文化、生态旅游、观光、休闲度假、养老为一体的"茶马古道"沿线聚落特色文化旅游产业。

三、陕西省明长城——沿线寨堡的保护和发展

(一)传统村落概况

1. 传统村落的整体分布

在明长城沿线分布着许多具有边防屯田功能的寨堡型传统村落。在历史上,长城城墙和寨堡共同构成了保卫军民和生产生活的防御运作系统。这些军事寨堡作为古代防御体系的重要组成部分,随着社会的发展逐渐转变为地区具有传统的边境文化和军事色彩的传统村落。这些村落大多包含一定规模的历史建筑,周围的传统居民点保存着相对完整的历史信息,大多数传统村落仍然坚持传统生活方式,并保存着大量的非物质遗产,形成了独具特色的历史文化。

陕西境内沿着明长城和军事要塞村落的周边以自然环境为主,绝大多数地区位于黄土高原上地形复杂的山区,村落采用地理环境和建设相结合的模式,与周围的山脉形成一个有机的整体,相得益彰。这些传统村落是人类智慧和自然环境的巧妙结合,形成了独具特色的人文景观和军事防御体系。明代陕西长城沿线地形以丘陵、山地为主,城墙堡垒多建在山地上,易守难攻。

明长城军事要塞不同于独立的、单一的传统村落,它们具有共同的主题和共同的历史文化意义。具有丰富军事历史文化背景的城墙和军事寨堡,在多年的边塞文化发展中,烘托出浓厚的历史氛围。城墙上积淀出来历史的色彩,与寨堡型传统村庄的整体色彩保持高度一致。其历史环境虽然随着时代的变迁逐渐瓦解,但传统村落的存在及其传递的历史信息仍然是区域历史文化保护和发展的重要因素。基于此的生态环境的保护和产业经济的发展,就必须以点到线再到面综合利用,打造地域文化品牌,扩大明长城历史文化的广度和深度。

2. 传统村落的空间形态

明长城沿线堡垒的景观要素分为寨堡城墙、空间肌理和历史建筑三个部分。

1）寨堡城墙

寨堡城墙，即堡垒外的墙。城墙和水池属于堡垒的外界，也是最外层的保护结构。因为防御的要求，城墙必须建得坚不可摧。因此，尽管为了开发，许多防御工事的入口规模和建设用地增加了，但城墙仍然被保存了下来。所有的军事堡垒都是出于防御目的而建造的，因此堡垒外边界的边墙以及附在边墙上的城门、瓮城、马面等防御建筑是堡垒存在的必要景观元素，而这些景观元素被整个堡垒包围，边界清晰，封闭内部区域。

2）村落肌理

空间肌理，即寨堡的总体格局，其表现形式为道路和公共场所（广场、舞台等）的布置。沿着明长城要塞分布的传统村落，位于黄土冲沟地区或山地危险地区，街巷形式丰富多样，通过地形和坡度的变化形成丰富多样的路径来实现干扰和防御的目的。而平原炮台的道路系统则呈现出几何规则的形式，这也反映了《周礼》的规划思想。

3）历史建筑

历史建筑又分为传统住宅和公共建筑。明代长城沿线要塞建筑大多表现出明显的陕北民居特征。同时，鉴于边界对于该地区的重要性，大多数建筑物外形简洁，强调实用。在军事城堡群的核心地区，除民居建筑物之外，还有不少标志性的军事防卫建筑物，如瞭望塔、城楼、钟鼓楼等，而这些建筑大多和钟楼、玉皇阁等富有地方精神象征意义的建筑同时建造。因此它们并不仅是军事城堡的重要防卫节点，而且还是地方精神文化底蕴的重要体现。

（二）保护与发展策略

1.保护和发展模式

线性遗址由于保存状态和分布的特殊性，具有本体复杂、连续性差、日常管理困难等特点。线性发展网络包括周围的村庄以及城镇间的产业互补，并通过线性的历史文化遗产串联起来，突出寨堡型传统村落地理位置的特殊性，并成为线性保护和发展的一个重要组成部分。通过对资源现状、空间形态、交通条件进行的评价，针对传统村落的不同定位，提出了不同的发展模式，避免"千村一面"。全面采纳本地居民的建议，由地方政府部门主导，社会资金注入，通过多元的市场主体共同协调，发掘其历史与人文内涵，提高产业的经营价值，综合利用,增加居民效益,扩大就业机会,改善本地居民的生存质量,村落发展和遗产保护并重,实现了线性文化遗产在文化廊道上的保护与旅游开发,并和环境保护相结合,形成文化遗产和周边村落发展的良性互动,创造双赢局面。

首先,传统村落必须发挥保护历史和文化遗产的作用,并保留整个古老的建筑景观。其次,保护传统村落内部的民居建筑和公共建筑。最后,基于村民对现代生活方式的要求,村庄的更新和发展也必须致力于改善村民的生活。

在这样的保护下,根据其历史和发展程度,传统村落要特别注意维持其基本历史建筑的现状,并在这些重要的历史节点附近建立一个缓冲区,使其与村落的传统建筑景观相匹配。在村庄区域内基于历史建筑物和历史文化历史节点可建立文化保护区,而其他地区可以适当优化产业结构,建立村落发展区,改变目前环境,并植入大量与历史文化有关的产业,在某种程度上可以提升村民文化素质。研究发现许多军事要塞都是针对其传统防御功能而存在的,但许多建筑由于历史的发展,产生了质量问题,有的历史文化受损,有的已经废弃。这些问题都影响着当地人的生活和利益。因此,必须解决现有问题,修复问题建筑,提高人民生活水平,加强环境保护。

对于传统村落的保护和发展,还需要树立村民自身的文化意识,提高村民的文化认同感。建立历史文化保护和更新发展相结合的机制,促进不同经济发展模式和文化保护策略的动态结合,推动线性文化遗产的区域联动,使村民生活更加多样化和丰富性,加强环境保护,提高对历史文化遗产保护以及文化传播,提高人们的生活水平和质量,突出传统村落的特色。

2. 分区保护和发展的策略

1)文物保护管理区

线性遗址沿线的村镇首先负责遗址的日常保护管理工作。这些文化遗产保护和管理部门,最好与线性用地保护区划范围内的传统村落接近,更加快捷有效地对传统村落的保护和发展进行反馈。因此,应选择发展较好、交通便利、与遗址本身关系密切的乡镇。在乡村设立文物保护工作站,负责日常巡查监测。在城镇和村庄线状遗址的日常管理和保护中,首先可以招募当地人成为日常文物保护的巡查和管理人员。具备一定文物保护知识水平的有关人士能够实施统一管理与教育，以创造就业机会，并吸纳大量本地劳动力回流，以此改善本地村镇的生活质量。文物的维护与管理将不仅独立存在，而且纳入整个村镇的文化生活，以增强对长城沿线村庄居民的归属感与认同感。

比如，在建安堡的保护中，对传统村落的历史资源进行整合，找到其突出的历史文化遗产节点，如古城墙、梯田、城隍庙等，要整体保护和利用。制定了寨堡城墙、建筑肌理、街巷路网等保护规划，包括对自然条件的利用。在规划范围内，对城墙、庙宇等文化遗产资源进行筛选和保护。为保证墙体的稳定性和连续性，对建安堡城墙夯土遗址上开挖的孔洞和缝隙进行回填和填筑。对建安堡历史建筑修复不当的，应采用传统修复技术进行修复，必要时应保护文物建筑。

2）展示节点开放区

在线性遗址空间附近分散着若干与遗址本身有着相当历史价值的传统村落。这些村庄都与传统线性遗址密切相关又与遗址相互连接，从而成为了线性遗址的主要成分。因此这种村庄除与周围的线性遗产有着共同的人文价值之外，在发展过程中又产生了自身的人文含义。尤其是在村庄漫长的发展过程中，村镇产生了具有民族特色的节庆风俗，彰显着村庄自身的吸引力。所以，这些乡镇在本地旅游业发展形成了优势，在城镇的建设中就能够整合乡土文化，维护好周边环境，传承建筑风格传承和重建基本设施。在激活本地非物质文化活动的基础上，以农家娱乐和聚会的形式重现本土的农村民宿文化，为本地企业创造发展机会，留住消费者，从而以旅游文化促进本地乡镇经济发展，实现城镇的更新。在线性遗址沿线的乡村文化旅游发展中，在当地市场经济和地方民俗文化艺术活动的带动与影响下，能够对线性遗址以及附近村庄加以系统发掘、保存与合理展示，并以此增强民众的文化保护意识与积极性，从而推动地方民间艺术的健康发展。同时，遗址沿线的村庄也可以认为是旅游者了解中国古代历史文化和战略思维的有效途径；甚至可以用来进行文化传播，这在一定程度上有利于促进区域经济和文化的崛起。

比如，建安堡的景观节点的设计首先要利用现有炮台村相对完整的边墙边界和炮台村内部以数字文化展馆为中心的"十字路口",将街巷空间、城门、古楼作为一条景观轴线,形成西北高、东南低的视线通廊。以寨堡的城墙为边界,形成环形的游览廊道。以线性景观轴线和环形的游览廊道,共同构成传统村落的文化展示线路,并且可在游览线路上选择合适的闲置房屋或者空地,改造建设文化展馆,其建筑风格应与传统村落的整体风貌保持一致。通过数字技术丰富文化展馆的文化展示方式,增强游客的体验感。

3)特色产业集聚区

在线性地块周边村镇的发展过程中,可以将当地村镇的居住和商业功能作为载体,而历史文化价值可以通过线性场地本身独特的历史文化景观和周围独特的景观转化为文化创意产业。产业可以结合线性场地周围独特的环境和不同的设施进行不同的文化活动,如摄影、绘画、历史文化研究等静态文化活动。也可以开展动态文化课程探索、文旅休闲、民俗体验等。传统村落利用其独特的地理和线性文化,依托当地的经济主要发展方向,以线性为导向,帮助靠近线性遗产的城市发展经济和文化。将线性遗址的历史文化优势转化为刺激偏远地区经济发展的手段,吸引投资和消费,创造线性遗址的文化品牌,激活线性遗产。

此外,要综合考虑对区域的上位规划和相关规划的研究。例如,按照上位规划确定明长城沿线的乡村旅游资源,以及明长城沿线的自然资源及产业资源,确定各个传统村落的本体规模和传统村落特色发展定位,将建安堡的历史景观环境特色融入榆林区,建立沿长城的绿色廊道,保护整体环境。协调统一传统村落的乡村风貌、建筑形态以及明长城沿线的周边环境。在传统村落的新建区域,基于传统村落的发展建设优势条件,从而确立整体建设导向。原则上不应在寨堡城墙周围和历史建筑的缓冲区内建造新建筑,以保持原始风格。

四、广西合浦县乾江村

(一)传统村落概况

乾江古村落的中心是古港的老商业街,主要由乾德街、水星街、十字街、木兰街组成。古村道虽然不宽,但店铺众多,具有清代岭南街道的格局和特点。老街里藏着许多清末民初的四合院。

(二)保护与发展原则

中华民族的历史几乎都来自农业文明。中国城市发展迅速,受现代化和国际化的影响较大,但表现民族精神精髓的民俗文化始终植根于传统村落。这样的文化存在于这些村落中,与传统的村落共存着。传统村落更新建设中的文化传承,是当地城乡发展走向现代化的过程中亟待解决的问题,也是政府部门实现文化发展的重点。它不但有着巨大的现实意义,也同时有着巨大的社会经济与文化意义。

文化路线沿线的传统村庄保存重点是保存旧村庄的人文精神和历史文脉。和保存传统单体建筑不同,在线性遗址周边的传统村庄必须保存完整城镇的历史风貌。更为关键的是,沿线传统村落中的许多建筑物必须更新功能和完善设施。在保证地方文明继承和发扬的前提下,要进一步发掘文明路线的传统文化特点,确保文明继承发扬,稳定有序地更新传统村落,需要进行以下几个方面。

1. 地域性原则

沿线传统村落更新建设需要体现出文化路线的地方文化特色,结合不同地域背景下传统村落的自然地形、民族建筑、历史背景和民俗习惯,展示村落的自然特色,体现人文特色,继承当地传统文化精神,因地制宜地传承地域特色的村落风格和传统文化。

2. 文化适用性原则

沿线的传统村落更新建筑重视传统,以人为本,公共建筑、住宅和巷子等根据传统建筑设计,并根据生产生活的实际需要和经济社会发展趋势,依据本地状况,科学合理地规划建筑物布局、道路交通基础设施、公建场所等的规模和形状,应该防止单纯追求宏伟、盲目地按照传统城镇的建筑设计方式进行重新设计的趋势。

3. 生态性原则

沿线的传统村庄传承了民族的优良传统,并保存了自然生态环境和民族文化,整理和保存与本地自然环境有关的重要自然景观和人文景观,合理开发利用珍贵的自然环境和人力资源;重视文明路线的历史文化传统,进行可持续发展;采用绿色生态的技术,进行可持续发展,以防止重大破坏性工程。

4. 经济性原则

既符合沿线传统村庄所居住的文化习俗生活习惯及其配套使用要求,还应在气候、天气等特定条件下,进一步改善对居住环境的适应性,并最大限度在尊重自然地理环境的基础上进行建筑设计,以减少建设成本,在适应室内空间设计时采取现代与传统特色文明建设相互融合的设计方法。

5. 整体性原则

从整体考虑,统筹各种景观与技术要求,尊重沿线地方特色的建筑风格,利用现代的施工技术手段把砖雕、木刻及彩画等非物质文化遗产合理利用在村庄规划与建设中,让传统村庄景观彰显自身文明的特色,以文化传统引领空间设计。

6. 社会性原则

沿线传统聚落更新工程应当广泛征询本地传统聚落居民的建议,以倡导"自下而上"的文明传播自觉意识,推进建设项目开放公示,参与建造和管理工作,增进邻里交流,恢复地方传统社会关系。

(三)保护与发展策略

"一带一路"倡议落实以来,海上丝绸之路文化重建成热点,海上丝绸之路遗址申请工作有序开展。乾江古港也是中国古代水上丝绸之路的起点,有着厚重的海上丝绸之路的历史内涵,也有着得天独厚的海洋文化观光优势资源。近年来,随着"广西特色旅游光明县"和"国家全域旅游示范区"的建立,加上合浦特色旅游景区的建立,合浦提出从地方文化产业向海上历史人文观光产业发展转变。在此机遇下,乾江古村落的保存和发展就迎来了黄金时代。因此,文化保护与发展就迎来了难得的发展机会,根据本地实际情况,从如下几个方面进行对乾江村历史文化的保护与发展管理工作。

1. 努力再现古港历史文化

古村庄的历史文化价值主要反映在其历史遗存上,以再现当地的历史人文特点作为保存与研究的中心。首先,由于乾江古港遗址已变为鱼塘,因此古港遗存应先对其周边地区进行环保整治,并铸造了一些商人、渔夫的雕像,以表现出古代海港交易与捕捞活动特点。利用现代的科技手段,通过打造古代历史宣传专栏,利用图文和动漫视频反映古代海港当时的繁荣景象,游客也可以更直观地认识海上丝路的文明与古代海港。其次,通过对古代村庄商业区域加以改建,利用已有的传统店铺与建筑物,形成了富有海上文化特点的"海丝文化街",以小吃店、纪念品商店、博物馆等商业区展现区域特点。再次,在天后祠前面的空地上重建了祭祀广场。除节日祭祀之外,还定时举行唐卡歌舞、水上丝绸之路文化表演等演艺活动,使之成为可以观赏古村落风貌、展现古村落历史特色的重要文化景观区域和特色景区。最后,按照"修旧如旧"的原则,逐步修复古村落的历史景观。古村落逐渐成为一个整体,从选址与布置上反映了人与自然和谐发展的关系。恢复乾江古村落的晚清和民国时期建筑物、街道、老屋、老院和庙宇,还原旧有的建筑外观并尽量按照原貌重新规划历史空间布局,以全面展现古代村庄的民居文化、宗祠文化、妈祖文化、商贸文化和教育文化等。

2.坚持保护与开发相结合以实现双赢发展

在当今文化遗产保存和蓬勃发展重要的历史时期,对古村庄的保护和发展是刻不容缓的。但为了实现古村庄的可持续健康发展,需要辩证地审视与处理古村庄的保护和发展之间的关系。目前,虽然乾河等古代村庄还没有完全开发,但在今后的发展过程中,人们还是应该吸收过去的经验教训,而不是盲目模仿。首先,要坚持"保护第一"的原则,注意避免过分的商品形象包装和对自然环境的损坏,以防止由于古村落风俗的丧失,而产生损害游客利益的现象。同时,在本地住民和游客之间进行宣传,增强村民和游客的文化保护意识,以实现"双赢"发展目标。其次,要认真做好乾江古村落文化研究,积极编制古村庄历史文化研究规划,以课题研究的方法吸纳文史研究专业人士和爱好者,积极参与当地的历史人文研究。在21世纪海上丝路历史背景下从事古村落保护和研究同时,主动对接游客市场,重视游客需要,把历史人文资源转变为特色旅游商品,创新发展旅游纪念品和旅游服务项目,塑造旅游形象,提升其市场竞争力。再次,要积极利用现代信息技术介绍古代村庄的历史演变以及当地人的生活风俗。重视文化体验型游览项目的研究,使游客在参观古代村落的同时感受地方风俗。比如,游客可通过参观天后宫和开展祭拜活动来感受妈祖文化。通过定期开展的当地文化节活动,引导游客参与文化体验;利用古村落环境进行美术展示、学术研究等,提高对古村落认知度。

3. 加大资金投入和旅游项目招商引资力度

为缓解乾江古村落投资不够、文化旅游项目发展不足的问题,对乾江古村落保护和发展采用如下举措。一是乾江村的发展融入合浦政府保护文物与旅游发展规划,同时利用 21 世纪海上丝绸之路文化建设的机遇,通过各级财政专项资金对建筑进行维修和保护,同时按照对古村落建设的破坏程度进行分类,并按照等级确定维修顺序。特别是针对已纳入文物保护单位的建筑物,要用文物部门拨出的专项资金进行维护,如天后宫的维修保养。同时,积极动员群众参与古村落保护和发展,形成"古村落保护,人人有责"的良好社会气氛。二是进一步完善旅游发展基础建设和配套设施的建设,通过完善旅游文化发展环境提高古村落总体形象,进一步增加对游客的市场影响力。三是积极进行文化旅游项目招商,通过引进文化旅游发展企业与当地政府共同规划古村落内的文化旅游项目发展。企业可以在古村落中规划专门的商贸地段,或者利用出租铺面发展商业活动,从而可以获取长期稳定的文化建设投资。同时通过根据市场需要,在古代村庄内开展具有海洋特色的传统文化游览项目,如当地特色的海洋民俗传统文学表演和特色传统餐饮服务等,以吸引投资者积极投身于古代村庄环境保护和经济发展。

4. 增强居民保护意识以实现共建共治共享

增强当地村民的历史保护意识是古村落保护与发展中的关键方法之一,乾江古村落的保护与发展工作亦不例外。第一,地方政府部门应当运用告示牌、媒体报道、宣传横幅等工具对古村落居民进行宣传教育,以提高市民的保护古村落的意识,并带动他们积极参与古村落保护。第二,健全古村落保护立法,出台古村落保护的有关法律规定。严格依法惩治损毁古建和文物保护单位的行为,切实遏制蓄意损毁古村落的行为。第三,出台古代村落环境保护管理法规,整治当地的生态环境问题;并大力解决村民自建的私人住房、遮阳棚等设问题。同时,做好周边环境整治,规划停车场,建设公园,完善公共卫生设施,并设置公交车站,在古代村落设有导览图和指示牌,以营造舒适安全的游览环境。第四,维护古村落的真实性,将古村落居民的生活条件和民俗打造成旅游品牌。在古村落发展过程中,村民分享了旅游发展带来的收益,这可以提高自身的保护意识。从而增强了他们在古村落维护与发展过程中的主人翁意识,以达到可持续发展的目的。

5. 整合周边旅游资源以实现协调发展

2016年,合浦县确定了"到2020年,成功打造广西文化特色旅游名县和全域旅游示范区"的目标。但现实地说,乾江古村落中可供发展的旅游文化资源还比较有限。为确保地方旅游业的长期发展,合浦县必须融入世界文化旅游发展潮流,积极整合周边旅游资源,进行统筹发展。一是对游客文化建设资源加以整合。按照合浦县的文化游览发展计划,该县未来还将建立廉州湾——南流江海上丝路文化游览发展带。这表明乾江古村落等旅游景点的开发建设将以水上丝绸文化为基础,并与南流江的资源相结合,共同建立文化游览发展带。二是旅游路线的完整构建。通过家庭娱乐、农家娱乐和钓鱼体验项目,吸引城镇的游客来观光游览。合浦最著名的汉墓就处于汉代古港乾江港的东北方向。明代文昌塔、清代三庙界、汉代博物馆等历史资源都与古代村庄毗邻,通过游览线路就可以把这些景点连接起来了。三是创造沿途景观。合理利用古村道路旁的耕地种植谷物和果蔬,让田园成为景区之间的一条风景线。同时利用乾江村与北海城区、廉州、党江等地的公路交通优势,打造单车骑行游览项目群。四是游览形式的多元化发展。合理利用古村落外围的海滩、田园和鱼塘等特色资源,开发乡村深度体验项目,以吸引游客。

第五章 大运河沿线天津传统村镇活力评价系统

第一节 活力评价因子系统构建

在城市发展过程中,对于活力的相关理论研究最早出现于 20 世纪中期的西方学界,工业大生产带来的一系列城市环境问题,尤其是城市中心区的环境恶化问题及随之而来的诸多社会影响,使得很多历史悠久的重要城市出现不同程度的城市衰退现象,大量人群涌入环境更为宜居的郊区,导致城市中心地区活力急剧下降。在这个背景下,雅各布斯最早提出了城市活力的概念,她和其他学者都通过研究证明地区活力的基本保障是人群的密度。环境与活力之间的相互作用关系逐渐成为城市规划与设计领域的重要研究对象,这一点对于建成环境的提升和未来建设的发展同样重要。具有深厚历史积淀和特定历史意义的传统村镇,拥有其他区域所没有的地方文化特色,对于大部分人群都具有一定的吸引力。但是在现实环境中,很多地方的传统村镇与生俱来的潜在活力价值并没有得到足够的重视,更没有得到相应的保护与开发。

一个地区的活力是该区域系统生命力的集中表现,对其活力的研究不但是城市规划的基础性工作,也是构建和谐社会的基本需要。研究大运河沿线天津传统村镇活力具有重要的现实意义,同时对其复兴策略具有重要的指导意义,探究沿大运河沿线传统村镇活力影响因子及活力影响机制在此起到至关重要的作用。

一、系统构建原则

（一）科学性原则

活力评价系统的构建首先应该遵循科学性原则。由于沿运天津传统村镇活力评价系统涉及城市规划、社会经济、人文历史等多个相关学科，其结果也是多方面因素同时作用形成的，因此在系统构建过程中需要科学谨慎，解决好每一个细节问题，由此形成的活力评价系统才能够具有真实性和说服力。

（二）实用性原则

活力评价系统构建的过程中涉及多个层级、大量数据和使用者的意见反馈，因此在指标选取和系统构建的公式算法上需要具有一定的实用性，符合实际情况，同时具有较强的可操作性。

（三）普适性原则

大运河沿线天津传统村镇数量众多且各具特色，其活力评价系统应具有一定的普适性，能够对不同村镇做出合理的活力评价与分析，因此评价系统中的各级活力因子的构成和相互关系应全面涵盖各个村镇各个方面的完整特征。

二、系统框架建立

大运河沿线天津传统村镇活力评价指标体系的建立，对村镇进行基础资料搜集、整理和处理具有重要的指导意义，是村镇活力评价的重要基础，构建合理的活力评价因子体系是其活力评价真实性、可行性的前提。本研究通过对大量现状数据的分析整理，以层次分析法（AHP）为依据进行活力因子层级的选取和层级划分，建立适合大运河沿线天津传统村镇现状的活力指标评价体系。活力营造及活力影响因子主要包括空间活力因子、区位活力因子、功能活力因子、经济活力因子和文化活力因子，并以此为一级活力因子建立指标体系。在此基础上对一级活力因子的不同分支或侧重点进行细分生成二级活力因子，如表5-1-1所示。

表 5-1-1　活力因子框架

活力总体目标	一级活力因子	二级活力因子	活力因子释义
大运河沿线天津传统村镇活力体系	空间活力因子	空间结构	村镇整体空间结构特性及复杂性程度
		空间紧凑程度	村镇空间结构丰富程度
	区位活力因子	公路交通结构	高速公路交通网络便利程度
		轨道交通结构	公共交通便利程度
	功能活力因子	功能分布密度	村镇功能分布密集程度及分布特征
		功能分布复合性	村镇功能多样性程度
	经济活力因子	商业设施分布状况	村镇商业设施分布密度及分布特征
		商业设施承载力	村镇商业设施对本地消费及外来消费承载力
		商业设施业态结构	村镇商业设施业态分布比例及空间分布特征
	文化活力因子	文化设施分布状况	村镇文化设施分布密度及分布特征
		历史文化设施现状	村镇历史文化设施现状保护程度
		公共服务设施分布状况	村镇公共服务设施分布密度及分布特征

（一）空间活力因子

空间活力因子主要包括空间结构特征和空间紧凑程度两大二级别活力因子,空间结构方面主要表现在村镇整体空间结构特征上,这是其区别于其他村镇的重要特征,承载着村镇悠久的历史。空间紧凑性上主要表现为村镇开放空间的紧凑程度和复杂程度,开放空间在组织上形成主次分明、疏密有致的网络系统,才能给使用者尤其是游客以多样的空间感受和更高的便利程度。

空间活力评价的一个重要方面即为公共开放空间的服务能力和服务程度。大运河沿线天津各个传统村镇存在着公共开放空间秩序和服务水平的差异,所以公共开放空间的活力程度不同,其中与空间活力联系较强的要素主要包括空间结构、空间体量、区位关系、空间主题、氛围营造、空间安全等方面。大运河沿线天津传统村镇的空间活力可以通过空间量化指表达,即单位面积的人流量和单位面积人口数量,前者体现空间对适用人群的吸引力,后者表达空间承载力。通过此种方法测算得出的数据除了能够直观表现单个村镇的空间活力状况,还可通过横向比较分析村镇之间的活力等级差异。另外,根据村镇公共开放空间整体结构的不同,空间的服务范围和服务能力也会有所不同。由于村镇体量和历史的因素,多表现为分散的小规模公共空间结构。

(二)区位活力因子

在现代城市发展过程中,城市交通尤其是公共交通的发展对城市发展的导向作用和促进作用日趋明显,大到整体城市的发展方向,小到商业街的繁荣程度,都与交通产生越来越紧密的联系。交通的合理布局和宏观架构对城市发展具有重要作用,对于大运河沿线天津传统村镇的发展亦是如此。同时,大运河沿线天津传统村镇拥有深厚的历史文化积淀,所以以此为主题的旅游业发展对这些村镇的活力复兴起到至关重要的作用。综上所述,本研究在区位活力因子一级活力因子基础上确定二级活力因子,即村镇与高速公路交通关系和村镇与公共交通关系两大二级活力因子。

(三)功能活力因子

功能活力评价主要包括整体上功能的密度分布和局部中功能的复合程度两大二级活力因子。整体的密度分布与村镇人口分布、人员属性、年龄构成等要素紧密联系。目前很多大运河沿线天津传统村镇都面临着功能单一的问题,未来发展中需要加大服务功能丰富度的建设,并提高功能复合性,形成集约化发展模式。

(四)经济活力因子

经济活力能够直接表现村镇整体活力,不仅能够为村镇带来经济效益,还能为村镇提供更多就业岗位,从而丰富村镇人口属性构成,是评价村镇活力的重要指标,直接关系到村镇未来的发展方向和发展面貌。经济活力因子主要由商业设施分布状况、商业设施业态结构和商业设施承载程度三大二级活力因子构成。商业设施分布状况通常与村镇公共开放空间系统分布相吻合,并存在不同程度的衰落问题和商品单一导致的内部竞争问题。

(五)文化活力因子

文化活力因子共分为文化设施分布状况、历史文化设施现状,公共服务设施分布状况三大二级活力因子。文化活力是村镇精神文明建设和精神风貌的集中体现。由于历史悠久,大部分大运河沿线传统村镇都拥有很多历史文化设施,但是其保护程度则高低不一。在此将文化设施分为公共文化设施和历史文化设施两大类。公共文化设施更注重其服务性,通过其分布状况和分布密度等数据量化表达,历史文化设施则更注重保护,通过对不同历史文化建筑的重要性程度和破损程度的勘察,确定适当的保护方案。

三、活力因子权重系统

(一)活力因子层级系统

针对以层次分析法为基础确定的由一级活力因子、二级活力因子组成的大运河沿线天津传统村镇活力评价体系,结合统计学形成活力因子相应编码:活力因子目标层设为 U,一级活力因子为 A 至 E,二级活力因子为 A_1 至 E_3,如表 5-1-2 所示。

表 5-1-2　活力因子编码对照表

活力总目标层及编码	一级活力因子层及编码	二级活力因子层及编码
大运河沿线天津传统村镇活力 U	空间活力因子 A	空间结构 A_1
		空间紧凑程度 A_2
	区位活力因子 B	公路交通结构 B_1
		轨道交通结构 B_2
	功能活力因子 C	功能分布密度 C_1
		功能分布复合性 C_2
	经济活力因子 D	商业设施分布状况 D_1
		商业设施承载力 D_2
		商业设施业态结构 D_3
	文化活力因子 E	文化设施分布状况 E_1
		历史文化设施现状 E_2
		公共服务设施分布状况 E_3

(二)活力因子权重赋值

针对以上活力因子层及系统,采用专家打分的形式确定其子因子的权重值。根据 15 位相关专家和学者对大运河沿线天津传统村镇活力因子架构不同层级活力因子权重征询意见结果,首先得出一级活力因子权重 A 至 E 的赋值,再通过二次评估,总结专家打分结果得出二级活力因子权重,即 A_1 至 E_5,如表 5-1-3 所示。

表 5-1-3 活力因子权重系统对照表

活力总目标层编码	活力总目标层权重	一级活力因子层编码	一级活力因子层权重	二级活力因子层编码	二级活力因子层权重
U	1	A	0.103 2	A_1	0.038 1
				A_2	0.065 1
		B	0.264 5	B_1	0.179 4
				B_2	0.085 1
		C	0.187 6	C_1	0.106 7
				C_2	0.080 9
		D	0.123 1	D_1	0.036 8
				D_2	0.037 1
				D_3	0.049 2
		E	0.321 6	E_1	0.097 1
				E_2	0.159 7
				E_3	0.064 8

第二节 活力评价模型构建

一、活力评价等级标准

地区活力集中体现其生命力,这与使用者的使用感受息息相关,因此本研究中活力评价体系的建构以使用者对传统村镇物质和精神空间的使用感受为基础,通过问卷形式完成现状村镇活力等级划分,并在问卷调查的人员选择上以涵盖各年龄结构和人员属性为原则。由于使用者大多为非专业人员,因此在问卷划分等级设置上采用优、良、中、差4级分制,同时将量化等级设置为5个等级,即优(4~5分)、良(3~4分)、中(2~3分)、差(1~2分),并以字母F表示。

二、活力评价模型建立

村镇活力指数 U 由一级活力指数加权得出,一级活力指数由与二级活力指数加权得出,二级活力指数由相关的各项问卷结果平均得出,问卷设置涵盖活力评价体系中涉及的各项二级活力因子。

$$U = F_A + F_B + F_C + F_D + F_E$$

其中 U 为活力评价总目标得分，F 为相应的一级活力因子得分。根据前文提出传统村镇活力评价体系得出 F_A=0.103 2、F_B=0.264 5、F_C=0.187 6、F_D=0.123 1、F_E=0.321 6。

一级活力因子指数表达公式为：

$$F_A = A_1 f_{A_1} + A_2 f_{A_2}$$

其中 F_A 为一级活力因子得分，A_1、A_2 为二级活力因子权重，f_{A_1}、f_{A_2} 为相应的问卷得分平均值，A 为一级活力因子权重。以此类推，各级活力因子得分计算公式为：$F_A = A_1 f_{A_1} + A_2 f_{A_2}$，$F_B = B_1 f_{B_1} + B_2 f_{B_2}$，$F_C = C_1 f_{C_1} + C_2 f_{C_2}$，$F_D = D_1 f_{D_1} + D_2 f_{D_2} + D_3 f_{D_3}$，$F_E = E_1 f_{E_1} + E_2 f_{E_2} + E_3 f_{E_3}$。

二级活力因子指数表达公式为：

$$f_{A_1} = (f_1^{A_1} + f_2^{A_1} + \cdots f_n^{A_1}) / n^{A_1}$$

其中 f_{A_1} 为二级活力因子得分，$f_1^{A_1} - f_n^{A_1}$ 为二级活力因子层级问卷各题目得分，n^{A_1} 为二级活力因子题目数量。以此类推，最终各级活力因子的得分如表5-2-1所示。

表 5-2-1　各层级活力因子得分计算表

活力总目标得分	一级活力因子得分	二级活力因子得分
$U = F_A + F_B + F_C + F_D + F_E$	$F_A = A_1 f_{A_1} + A_2 f_{A_2}$	$f_{A_1} = (f_1^{A_1} + f_2^{A_1} + \cdots f_n^{A_1}) / n^{A_1}$
		$f_{A_2} = (f_1^{A_2} + f_2^{A_2} + \cdots f_n^{A_2}) / n^{A_2}$
	$F_B = B_1 f_{B_1} + B_2 f_{B_2}$	$f_{B_1} = (f_1^{B_1} + f_2^{B_1} + \cdots f_n^{B_1}) / n^{B_1}$
		$f_{B_2} = (f_1^{B_2} + f_2^{B_2} + \cdots f_n^{B_2}) / n^{B_2}$
	$F_C = C_1 f_{C_1} + C_2 f_{C_2}$	$F_{C_1} = (f_1^{C_1} + f_2^{C_1} + \cdots f_n^{C_1}) / n^{C_1}$
		$F_{C_2} = (f_1^{C_2} + f_2^{C_2} + \cdots f_n^{C_2}) / n^{C_2}$
	$F_D = D_1 f_{D_1} + D_2 f_{D_2} + D_3 f_{D_3}$	$F_{D_1} = (f_1^{D_1} + f_2^{D_1} + \cdots f_n^{D_1}) / n^{D_1}$
		$F_{D_2} = (f_1^{D_2} + f_2^{D_2} + \cdots f_n^{D_2}) / n^{D_2}$
		$F_{D_3} = (f_1^{D_3} + f_2^{D_3} + \cdots f_n^{D_3}) / n^{D_3}$
	$F_E = E_1 f_{E_1} + E_2 f_{E_2} + E_3 f_{E_3}$	$F_{E_1} = (f_1^{E_1} + f_2^{E_1} + \cdots f_n^{E_1}) / n^{E_1}$
		$F_{E_2} = (f_1^{E_2} + f_2^{E_2} + \cdots f_n^{E_2}) / n^{E_2}$
		$F_{E_3} = (f_1^{E_3} + f_2^{E_3} + \cdots f_n^{E_3}) / n^{E_3}$

第三节　实例研究

一、研究范围选取

杨柳青镇作为千年古镇物质及非物质文化遗产丰富,底蕴深厚,现在以发展旅游服务业为主。本研究选取杨柳青古镇区域进行现场调研,该区域距天津市中心城区 7.8 千米,紧靠南运河,毗邻柳口路,且与西青道、中北大道等主干交通网络联系密切,区位条件良好(如图5-3-1 所示)。同时,在天津传统村镇之中,杨柳青镇的历史文化基础较为雄厚,开发程度相对较高,人口密集程度相对较高,这些都能够为数据采集提供一定的便利性。

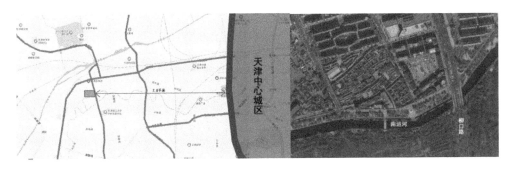

图 5-3-1　研究范围区位图

二、实地研究内容

(一)采样点选取

为保证调研数据真实可靠,本研究选择天气良好的双休日和工作日各两天,且每天上午10：00—11：00、下午 3：00—4：00,分时段多次进行现场调研并完成数据统计,以调研结果平均值为最终数据。在调研区域内重要交通节点及开放空间节点选取 7 处作为采样点进行数据统计(如图 5-3-2 所示)。其中 1、3 节点位于重要步行道路清远路;2 号节点位于大型开放空间,边界清晰且界面完整,多为 2~3 层仿古建筑;4 号节点位于关帝庙内庭院;5、6 号节点位于小巷;7 号节点位于滨河开放空间。各节点涵盖开放空间类型较为丰富,具有较强的全面性（如图 5-3-3 所示）。

图 5-3-2　研究采样点分布图

1号采样点现状图

2号采样点现状图

3号采样点现状图

5号采样点现状图

6 号采样点现状图　　　　　　　　　　　　　7 号采样点现状图

图 5-3-3　部分采样点现状图

（二）数据收集与整理

通过对现场调研结果的统计与计算,得出各采样点每小时人流量平均值为 91 人。其中 1、2、3 号采样点人流量较大,在空间形态上为杨柳青古镇步行街出入口和大型开放空间节点,5 号采样点空间形态为小型街巷,人流量最小,如表 5-3-1 所示。

表 5-3-1　采样点流量统计表

采样点编码	1	2	3	4	5	6	7
人数统计	126	187	134	49	21	43	76
排序	3	1	2	5	7	6	4

在对各采样点人流量统计的同时进行问卷调查,对有效问卷结果进行综合统计,将题目分门别类与不同分项指标进行一一对应,将得分结果与专家意见相结合得出各分项指标的最终得分,如表 5-3-2 所示。

表 5-3-2　活力因子分项得分统计表

活力因子	二级活力因子层编码	分项指标	得分
空间活力因子	A_1	街巷格局完整度	4.2
		公共空间功能	4.1
	A_2	场所归属感	4.6
		周边绿化状况	4.5

活力因子	二级活力因子层编码	分项指标	得分
区位活力因子	B_1	公共空间的可达性	4.6
		与主干道距离关系	4.8
功能活力因子	C_1	空间整洁度	3.2
		街道家具密度	2.6
		空间识别系统完善度	3.4
	C_2	服务综合性	3.9
经济活力因子	D_1	沿街店铺活跃程度	3.1
	D_3	店铺商品丰富程度	2.2
文化活力因子	E_2	传统文化氛围	4.5
		历史建筑状态	4.6
	E_3	建筑空间氛围	4.0

（三）数据综合分析

1. 活力因子得分统计

本次调研数据结果按 5 分制统计最终得分,二级活力因子附属分项得分的平均分,因与现状关系不强未计入统计的二级活力因子按满分 5 分计算,但不参与等级评定;一级活力因子得分按公式 $F_A = A_1 f_{A_1} + A_2 f_{A_2}$ 得出,分别为 F_A=0.450 5, F_B=1.268 7, F_C=0.643 1, F_D=0.407 8, F_E=1.471 3,如表 5-3-3 所示。

表 5-3-3　各级活力因子得分统计表

活力总目标层			一级活力因子层			二级活力因子层		
编码	权重	得分	编码	权重	得分	编码	权重	得分
U	1	4.241 4	A	0.103 2	0.450 5	A_1	0.038 1	4.05
						A_2	0.065 1	4.55
			B	0.264 5	1.268 7	B_1	0.179 4	4.70
						B_2	0.085 1	5.00

活力总目标层			一级活力因子层			二级活力因子层		
编码	权重	得分	编码	权重	得分	编码	权重	得分
U	1	4.241 4	C	0.187 6	0.643 1	C_1	0.106 7	3.07
						C_2	0.080 9	3.90
			D	0.123 1	0.407 8	D_1	0.036 8	3.10
						D_2	0.037 1	5.00
						D_3	0.049 2	2.20
			E	0.321 6	1.471 3	E_1	0.097 1	5.00
						E_2	0.159 7	4.55
						E_3	0.064 8	4.00

2. 活力评级结果

由以上数据可知,杨柳青古镇调研区域空间活力因子 A 得分为 4.365 3,活力因子质量为优;区位活力因子 B 得分为 4.796 6,活力因子质量为优;功能活力因子 C 得分为 3.428 1,活力因子质量为良;经济活力因子 D 得分为 3.312 8,活力因子质量为良;文化活力因子 E 得分为 4.574 9,活力因子质量为优。最终,活力因子总得分按公式 $U=F_A+F_B+F_C+F_D+F_E$ 得出,即 $U=4.241\ 4$,调研区域总体活力质量为优,如表 5-3-4 所示。

表 5-3-4　活力因子评级统计表

活力总目标层			一级活力因子层			二级活力因子层		
编码	得分	等级评定	编码	得分	等级评定	编码	得分	等级评定
U	4.241 4	优	A	4.365 3	优	A_1	4.05	优
						A_2	4.55	优
			B	4.796 6	优	B_1	4.70	优
						B_2	5.00	/
			C	3.428 1	良	C_1	3.07	良
						C_2	3.90	良
			D	3.312 8	良	D_1	3.10	良
						D_2	5.00	/
						D_3	2.20	中
			E	4.574 9	优	E_1	5.00	/
						E_2	4.55	优
						E_3	4.00	优

三、实例研究结果分析

(一)优势与问题

本研究实地数据采集的杨柳青古镇相关区域交通便利,具有悠久的发展历史和浓厚的历史氛围,在大运河沿线天津各个传统村镇中具有较强的代表性,能从一定程度上反映沿运传统村镇整体优势与问题。

1. 优势

根据对调研区域得分和评级的分析,杨柳青古镇具有明显的区位优势,公共交通和私家车出行均十分便利,内部交通活力同样得分较高,原因在于其主次分明的道路等级划分和层次明显的开放空间系统,大型开放空间节点与步行街紧密相连,各类历史建筑群分布相对集中,滨河景观带的基底作用明显,这些都是促成其活力评价等级较高的重要因素。

2. 问题

从分析结果可以看出,研究区域功能活力因子和经济活力因子评级相对较低,尤其经济活力因子中商业店铺的商品丰富程度得分较低,评级仅为中。另外,街道家具等公共服务设施也存在一定问题。

(二)活力提升手段

通过前文大量实地调研、数据搜集、数据分析,证明大运河沿线天津传统村镇活力指数之间存在较大差异,传统村镇可达性程度、村镇景观水平、村镇功能丰富度、慢行舒适度等指标都与村镇活力产生直接联系。大运河承载中华民族千年历史,与整个中华文明的发展息息相关。因此,大运河沿线天津传统村镇的保护及活力复兴对于实现天津城市内涵质量提升具有重要的推动作用,探讨如何在妥善保护的基础上复兴大运河沿线天津传统村镇活力对于新一轮城市更新设计和带动整个城市活力提升都具有重要的指导意义。

1. 完善大运河沿线天津传统村镇可达性,提升区位活力

在现代社会发展中,私家车出行已成为城市居民日常出行首选,且大运河沿线天津传统

村镇高频次使用人群以周边京津冀人口为主,因此提高机动车可达性及满足停车需求对提高村镇活力具有重要作用。根据城市空间句法理论,村镇空间、村镇功能、村镇文化内涵、人口流量之间的相互推动作用会产生乘数效应,即可达性高的区域更容易成为人流聚集的场所,同时相对活跃的人流更能推动村镇内各项功能的发展,丰富和功能划分又能促成村镇内部步行路网的密度提高及景观环境质量的细化与提升,进而形成各要素之间互相促进、共同发展的良性循环。在相同的村镇功能和道路密度下,可达性不足会导致村镇活力不足。对此类情况可在保持现有村镇道路肌理的基础上适当梳理,并通过沿街景观设计形成主街—次街—支线的路网格局,同时配合相应的道路标识系统强化对外来人群的视线引导,从而达到吸引人流和功能聚集的目的。

2.加强开放空间系统设计,提高空间活力

公共空间系统环境质量直接影响村镇活力,但是在设计提升中应保持对村镇文化历史街区原真性的尊重,形成村镇自身有别于其他的“个性”空间。同时,通过多样的空间形式及空间体量塑造丰富的空间变化及空间感受是提高使用者驻留兴趣及使用频次的重要手段,其一,以村镇现状空间结构为基础骨架形成具有鲜明自身特点且层次分明的村镇整体开放空间系统;其二,在人流密集区域加强小体量开放空间的细化设计,为使用者提供多种空间体验和文化体验;其三,适当设置可移动小型商铺和沿街商业的外摆及参与性、艺术性商业形式,形成丰富热闹且活动多样的街景氛围,丰富游客的游览体验,避免传统“卖与买”的商业模式。

3.丰富业态类型加强特色引导,增强经济活力

商业活动是提升村镇活力的一项重要手段。由于大运河沿线天津村镇大多具有久远的历史,其街道空间以小尺度居多,因此沿街小商业的发展对提升村镇活力具有重要作用。相对单一的功能业态和稀疏的店铺密度对活力提升具有限制作用。沿街店铺的数量和质量的提高,以及在保证丰富性基础上沿街店铺密度的适当提高,都能为游客提供更为丰富的购物选择和购物体验,进而提高整体步行体验。加强对街道业态特色的引导有助于形成差异化竞争,并能够以鲜明的聚集特征强化游客对传统村镇整体环境的认知。

第六章　大运河沿线天津传统村镇保护和活力复兴策略

第一节　空间活力复兴对策

空间活力复兴是指,通过对村镇建筑密度、建筑容积率的控制,历史建筑的保护与改造、功能的合理置换,公共空间规划设计、街道界面的连续性修复、新建建筑的立面形式、体量、高度、色彩的设计引导,各种公共服务设施及市政设施的配建等,创造出能够适应现代化生活的,尺度宜人、景观优美、风貌特色突出的传统村镇物质空间环境。

大运河沿线天津传统村镇中公共空间的规划与设计不仅要考虑其商业价值,还要充分考虑居民生活、游览生活等社会价值,各具特色的历史文化价值,以及使用者的多元化年龄构成、属性构成及需求多样性构成。因此,在空间建设,尤其是公共开放空间系统的建设上,更注重多功能复合街区的建设,满足多元化使用主体的使用需求,以丰富多彩的功能性为村镇内外不同使用者提供丰富的物质空间基础,这成为提高村镇空间活力的重要手段。

另外,村镇空间活力的营造还体现在与其他村镇的差异性上,具体表现在建筑风格、空间尺度、物质空间环境、景观风貌等方面。

一、地域环境的复兴对策

山水格局是中国传统村落选址基础和发展过程所遵循的主要脉络。传统村庄的保存与发展离不开人们对周围自然环境的分析,而村庄文化景观本身最重要的组成部分自然也蕴藏于天然山水布局之中,这也反映出了一种"山不违人"的自觉规划理念。

除古道沿线和村庄周围的整体区域环境之外,在各个村庄的历史发展过程中,为营建良好的自然环境,会对周边的自然优势加以人为改变或赋予特殊人文情怀,形成特殊的内涵以满足欣赏目的。比如,辛庄村运用了村前的山地、温河、悬崖、植物等天然资源优势,改建了"流泉瀑布""观澜听涛""吊桥览胜""石鱼文印""神林山观光台"等诸多自然景观,以及娘子关瀑布和翠枫山天然风景区等。这些古村落的青砖灰瓦与苍山山影相互辉映,营造出天然和人文融合的田园风光。对上述景点加以保留,不但能够保存传统村庄的历史风貌,而且有助于村落旅游规划的发展。

二、路线本体的复兴对策

路线本身是线性文化遗产的一部分,也是这个复杂的网络集合中的一部分,保护范围与传统历史文物的保护不同,需要将更大范围的历史和文化纳入保护范围。根据路线现状及古迹遗址特征,可以将保护范围划分三个等级,分别是核心区、控制区和延伸区。

(一)文化线路保护核心区

在核心保护区内主要坚持"原地保护"的原则,对遗址进行不损毁、不破坏,只允许保留科学研究和显示用途的有关活动,避免在这一范围内大量建设各种建(构)筑物以避免对核心遗址产生损害,实现该地区全面静态保存。

(二)文化线路保护控制区

在对控制区内实施保护性建设时,当地政府应当充分按照"保护为主,开发为辅"的原则,对控制区内的历史建筑加以保护整治,以维持传统聚落内村民的正常生活生产环境,并对传统聚落的历史风貌、社会关系等可以体现历史人文特征的情况加以恢复。

(三)文化线路保护延伸区

在这一地区的自然保护过程中,当地政府应当尽力保持自然环境的稳定性,逐步恢复受到人为社会活动所影响的天然地形和山体植被,修复原有生态系统,逐步找回路线自然的原貌,并在合理进行科学研究的开发利用保护措施下,科学合理地进行低碳养生游览活动。

第二节　经济活力复兴对策

一个地区的经济活动主要包括商业购物、休闲娱乐、餐饮活动等,经济活力较高的区域在单位面积内能够提供更多的购物、休闲、餐饮等机会。因此,设施密度、店铺密度、设施多样性指数成为活力评价的常用指标。雅各布斯(Jacobs,1961)指出,是否能给以小商铺为例的小型企业足够的生存空间,并保证其多样性和持续发展是区别有活力的区域和没有活力的区域的一项重要指标。后来,蒙哥马利(Montgomery,1998)对这一观点进行了深化,他通过研究表明有活力的成功街道通常都具有丰富的小商品业态,如食品店、蛋糕店、咖啡馆、饭店、音像店、画廊、彩票店和药店等。

大运河沿线天津传统村镇的经济活力复兴对策主要是指在发掘地域范围内传统村镇文化特质的基础上,结合新的区域经济地理位置,植入与之相协调的相关业态,既保持业态的多样性,吸引人流,聚拢人气,又控制业态的数量及规模,以实现物质、信息、能量交换的合理化。

一、区域整体系统开发对策

(一)挖掘区域多类型文化资源

在地方层面,大运河沿线天津传统村镇的文化旅游发展应当把村镇人文资源和地域内部的各类人文资源相结合。对于每个传统村庄的物质与非物质历史人文资源,要主动对接、共同发展,促进区域合作。

(二)构建文化线路游览系统

文化沿线游览系统的开发是连接和集成文化沿途村镇的物质与非物质文化遗产、周边人文名胜、自然生态景观等优质文化旅游资源的重要环节。多层次旅游线路体系的建设有利于带动整个区域和整个线路的整体发展,可分为3个层次。

1. 线性区域旅游线路建设

以既有路线为骨架,以已有的交通网络为基础,从根本上改变交通状况,为游客发展创造更便捷的交通运输条件,从而形成相对独立完善的游览线路。

2. 线路上附近村的旅游线路建设

对于彼此距离较近、文化特征相近或互补的村落,尽量通过路线本身或周边现代交通路线将其连接起来,打造特色旅游路线。

3. 传统村落内及周边景区旅游线路建设

通过利用沿线村落各自的资源,形成特色村落组团,便于各个旅游线路的相互连接和贯穿,路线与组团共同发展,创建文化景区,从而体现出各自的特点。

(三)村落旅游产业链设计

传统村镇文化旅游产业链的设计目标,是运用乡村地区独特的历史人文资源,强化旅游道路、景点、市场、产品、人文教育等产业配套的构建。因此,当地政府应当大力发展交通业、餐饮业、娱乐业等旅游服务业,并积极发展农村民俗艺术、民俗工艺品等地方特色旅游产品。指导居民积极参与旅游景点、传统乡村休闲娱乐项目和特色旅游产品基地建设,为旅游者创造娱乐、度假、体验、健身、玩乐、购物等新型的旅游观光活动,并以此形成了本土化的旅游体系,使之成为中国传统乡村新的重要经济增长点。

二、组团片区特色主题开发对策

(一)资源类型的划分

挖掘文化路线上的传统村落和周边人文历史资源,并根据其发展史上的功用目的,把物质历史文化遗产与非物质历史文化遗产加以划分。此外,部分村庄还根据周围的自然特征,形成了良好的景观文化资源。在对文化资源进行划分时,应考虑文化资源的鲜明特征,比如历史特征、民俗特征和生态特征,这些特征具有很大的开发价值。

（二）各特色组团片区旅游整合开发

1. 构建组团特色主题

各片区组团的人文资源复杂而多元,但为有利于文化特色品牌的形成,各片区组团均宜确立一个主要特点,其人文特点宜辅以发展。

2. 开发各组团片区旅游整合产品体系

各片区组团的综合文化旅游发展应当以组团的文化主题特征为核心,实施多元文化系统联合开发的发展战略,既便于品牌效应的营造,又便于地域内不同人文元素的融合以及传统村落的构建和融合。在融合和互动发展的过程中,要充分发挥各组团的物质历史文化遗产和非物质历史文化遗产资源,进一步发展农村特色文化体系,引导村民积极参与特色旅游服务业的发展,积极吸纳农村农业剩余劳动力,并使其形成新的经济增长点。

3. 完善组团片区游览线路

通过旅游线路的设计,将各组团片区的开发产品资源连接起来,是促进乡村旅游发展的重要手段。每组都是根据区内古道遗址、内外交通道路条件进行设计。对村庄内史迹遗存较多的地方,应将原来的联系路线或历史街区进行延伸,以配合村庄的历史特征;针对区内乡村之间的游览道路,可拓宽原来的连接路线,在乡村之间的自然文化景观发展区内修建景观路线,或按照具体要求在道路上展示相应的自然人文资源;而针对组团片区的对外交通路线,主要目的是拓宽和改善原有道路的交通质量,以便于游客进出。

4. 完善标识与解说系统

标注并说明组内历史人文元素的地名、有关历史、年代和传说;制作其分布布局示意图;在路口设有游览路径标志牌,提高旅游服务水平。

5. 完善旅游服务设施

旅游组团中的各个村落以及景区内均建有停车场、商贸服务设施、公园等服务设施,以适应旅游经济发展的需求,为全村服务。针对游览开发资源比较散乱的组团,可设有专用线路和中小型观光车,以便游客参观。

第三节　文化活力复兴对策

一个地区的文化活力是一种包容过去、积极创新的氛围。充满活力的地区拥有丰富的就业机会,地区活力正在提高的重要标志之一就是拥有不断增加的就业机会和逐渐增多的本地企业,以及高于平均收入水平的,从事信息、媒体、艺术和创意理念等方面的相关工作的人群。有文化活力的地区应该是一个集中创意阶层与创意企业的区域。因此,大运河沿线天津传统村镇文化活力的复兴需要深入发掘沿线传统村镇的运河文化潜力和精神内核,融入现代文化的内容,以既能实现历史文化的传承又能体现时代特征的创意产业和创意投资的占比上升为重要指标。村镇在未来的发展中,结合自身历史文化特色,有目标、有方向地吸引相关创意产业进驻,形成具有自身特色的创意产业链,这将成为提升村镇文化特质,打造村镇名片的一项重要手段。

村镇独特的文化背景和历史背景是营造其自身文化特色、引发人们思想共鸣的源泉。提升村镇街区辨识度的基础就是对村镇历史文化的挖掘,特点鲜明且保存完好的历史街区承载着村镇深厚的本土文化和人文精神,因此村镇在文化活力的复兴上,应注重以人为本,以长期生活于此、居住于此的人们为本,唤醒他们对历史的记忆和价值的认同,在开发过程中注意开发强度和村镇空间的承载力之间的协调关系,避免过度开发和过度现代化导致村镇空间环境的恶化问题,更重要的是避免村镇文化特质的丧失和村镇原有文化生态的破坏。村镇在深入研究分析村镇文化底蕴的基础上明确其文化主题与文化特色,结合村镇空间体量、区位、可达性及承载力预测等方面内容,对村镇的未来发展进行准确定位。

一、物质文化遗产的复兴对策

道路沿途的传统村庄也是发展变迁的主要部分,与传统道路的功用相对应,这些村庄又扮演着政治军事、商品交易以及移民聚居的重要角色。由此,传统村镇也就产生了相应的文化生活其他物质要素,按功用分类则包括传统住宅、军队防卫设施、商贸服务设施以及移民的宗族建筑。其中部分物质文化作为历史建筑物已被列为国家文物保护单位。部分专家学者也对传统村庄的保护性规划给出了保留意见。因此,对传统村落建筑遗存根据建造时代、施工质量和建筑风格等进行评估,并就不同形式的传统建筑遗迹类别,建议实施不同的保存、修缮、改造、维护工程及其他措施,传统村落、传统建筑采用分类维护与整治的办法。

村镇历史街巷主要包括贯穿村镇的主街和由其延伸出来的次级街巷。这些街巷散发着古老而自然的传统村落的魅力。在修缮历史街巷的过程中,要克服雨水冲刷、路面泥泞等困难,但同时又要充分考虑自身渗水情况和涵水结构,因为这样有利于保留历史核心区的古树和植物,并防止损坏传统村落建筑的特色。为此,从界面、材质、尺寸、环境等方面制定防护与更新对策,如表6-3-1所示。

表 6-3-1　传统村镇街道分类保护和整治措施

街道要素	保护和改善措施
格局	保护原有的空间尺度、建筑界面、街道对镜、景观视廊等要素,禁止在现有道路两侧搭建与现状风格不符的建筑物,除了对外车行道路禁止拓宽现有道路
界面	保护沿街民居的传统建筑形式,保持沿街建筑立面形式、建筑色彩、建筑材料等要素的统一性、连续性,以保持沿街完整的传统风格界面不被破坏
环境	清理街道垃圾,增加绿化景观、街道家具、识别设施,改善环境的同时提高功能复合度
材料	历史保留下来的铺装需重点保护,新建区域的道路铺装应与其相适应
尺度	对所有街道高宽比例控制在 1：2~1：1 之间,保证街道完整的现状空间形式,沿街控制建筑物高度,保证街道天际线不受破坏

二、非物质文化遗产的复兴对策

在传统村镇中,除丰富的物质文化遗产之外,许多地方文化的非物质文化遗产也沿着线性文化遗产的路线保存下来。传统民俗文化遗存根据来源和形态,可分为地方风俗类、与移民活动相关的非物质历史文化遗产、与军队和宗教相关的非物质历史文化遗产,以及与贸易活动有关的非物质历史文化遗产等。这些非物质文化遗产通过文化路线的连接,进入村落交流融合,形成了多样化的风俗文化。但是这些非物质文化遗产现在正面临着失传的问题,村民们并没有意识到保护和传承这些非物质文化遗产的重要性。

对这部分珍贵的非物质历史文化遗产加以保护保存,首先应当在全市甚至更大范围进行有关历史遗产普查的基础上进行全面记载,以建立非物质历史文化遗产档案。其次对其所对应的历史文化空间进行挂牌保存和标示,以说明非物质历史文化遗产的名称、内涵、保护功能等信息。再次对传统工艺美术、石雕技术的保护,应当积极地进行师徒式训练继承,对各类非遗活动开展场地、路径、布景等也应当加以保留。最后针对某些历史人文传统建筑,如地方民俗、红色革命文化等,可规划或利用现存的传统建筑设立博物馆陈列介绍相关文化。地方政府部门还可运用新闻出版、网络平台等技术手段,加强对地方历史人文空间以及其承载的非物质文化遗产的介绍与传播,从而扩大文化遗产的知名度。

第四节　社会活力复兴对策

一个地区的社会活力主要表现在以公共生活交往为主的人与人之间的交往活动上,这种交往活动的载体即为地区的功能混合。社会活力强的区域往往多表现出社会功能的混合性和人群的多样性。人群的数量和密度、人群属性的多样性及人群年龄结构的丰富性,加之日间生活和夜间生活的连续性,都是表现区域社会活力的重要指标。大运河沿线天津传统村镇的社会活力复兴需要保持传统村镇内部社会结构和人口结构的多样性,以保证其发展的均衡性、稳定性和可持续性。

使用者的公共活动舒适性很大程度会体现在街区公共设施的完善程度上。村镇内尤其是面向游客的区域内,其公共设施不仅满足基本的使用功能,还应具有相应的文化功能和审美功能,这些更是村镇形象和村镇性格的具体体现。另外,人们的活动往往并非单一目的行为,而是诸多行为的集合,因此不同类型公共设施和功能结合和功能转化,形成具有复合功能的公共设施系统,可以更好地满足本地使用者和外来游客的使用需求,如核心区域公共卫生间、垃圾箱、小型售卖亭、指示系统的合理设置。

一、村镇多元文化资源开发策略

在"面状"层面传统村落综合保护与发展和"线状"层面传统村落群体保护与发展的基础上,"点状"层面为传统村落个体的多元文化特征制定了发展规划,这也是传统村落历史文化遗产保存与发展的基本特点。

1）传统村镇建筑文化开发

传统村落建筑文明的发展大致分为两个方向。一是传统建筑的更新和利用。利用建筑内部结构的改变，不但能够用于村民的现代日常生活中，而且能够进行旅游产品开发、会议、博物馆、旅游办公等商业发展，从而保存和使用古建筑。二是技能的传承。大运河沿线传统村落建筑都有自己的特色，都是出自村中工匠的双手。有必要对具备上述特征的建筑加以保存和修缮，培养传承人员。根据建筑的价值与技术特征，开发相应的文化产品，提高建筑的研究价值。

2）传统村镇民俗文化开发

大运河沿线传统村落的民俗文化十分丰富，包括历史遗留下来的各种文化习俗。开发这些民俗文化有三种模式。一是建设农村民俗馆，静态陈列民俗商品。二是定期开展全国民俗文化节活动，动态体验传统民俗。三是发展手工艺品，展现村落民俗特色，促进村民经济发展。

二、传统村镇景观环境开发策略

自然环境是大运河沿线传统村落发展的基础。村外和村里景点的开发有助于人们理解村内景观的更深层肌理。具体内容涉及村落周边的自然风光、村落内的自然娱乐景观。

三、村镇基础设施统筹开发策略

大运河沿线传统村落的基础设施建筑，对人居环境的品质、人口聚集方向与形式都有着很大的指导作用，是乡村经济、社会、人文等社会活动的重要载体。基础设施条件的完善将推动农村产业的发展，并扩大了农业劳动者向非农产业迁移的机会，从而在一定程度上提高了农业劳动者的职业选择性和地域选择性。因此，传统村落基础设施整体发展，应在保障设施功能多元化的同时，增加村落可替换设施，使重要功能有多种设施保障，提高设施布局的灵活性，保证设施基本功能的正常运行，有效提高村庄资源的整体运行效率。

在设施空间布局上应考虑可达性。在提倡功能集中布局的基础上,部分功能需要分散以适应村级农户的使用需要。首先,在可达性和优化规模的基础上,通过集中布置文化教育、医疗保健、行政等社会保障服务设施,减少公共资源耗费。如针对商业、娱乐、文教、街巷交通等具体社会服务设施,可采用分散式模块布局,以提高乡村空间资源的相互转换和可用性,以满足乡村群众多样化的生活需求,以提高乡村人居环境的宜居性。按照农户的使用意图、系统可达性和连通性,把这些设备分门别类布置到村里,给农户带来了多元灵活的选择。另外,农村设施模块的建立还能够充分整理和使用农村闲散耕地和闲置建筑物,在确保乡村空间资源集约使用的基础上,形成了富有弹性的乡村空间结构。

参考文献

[1] 王刘允. 文化语言学视阈下沈丘县村名研究 [J]. 漯河职业技术学院学报, 2021, 20（4）: 20-24.

[2] 康国章. 晋人南迁与豫北晋方言的语言变异 [J]. 殷都学刊, 2012, 33（4）: 106-108.

[3] 王小岗. 明代豫东地区插花地研究 [D]. 郑州: 河南大学, 2019.

[4] 杨芳. 天津市杨柳青特色小镇文化旅游产业发展策略研究 [D]. 天津: 天津大学, 2018.

[5] 王蕾. 合阳县地名的语言与文化研究 [D]. 兰州: 西北师范大学, 2017.

[6] 游汝杰. 中国文化语言学引论 [M]. 北京: 高等教育出版社, 1993.

[7] 郭锦桴. 汉语地名与中国文化 [M]. 上海: 上海辞书出版社, 2004.

[8] 罗常培. 语言与文化 [M] 北京: 北京出版社, 2011.

[9] 邓慧容. 中国地名和文化关系的研究 [D]. 哈尔滨: 黑龙江大学, 2001.

[10] 韩光辉. 中国地名学的地名渊源和地名沿革的研究 [J]. 中国历史地理论丛, 1991（4）: 241-251.

[11] 华林甫. 中国古代地名学理论的初步探讨 [J]. 史学理论研究, 2002（4）: 59-72.

[12] 骆中钊, 张勃, 傅凡, 等. 小城镇规划与建设管理 [M]. 北京: 化学工业出版社, 2012.

[13] 张宁宁. 关于华北民居之合院村镇的调查研究 [J]. 文艺生活旬刊, 2012（10）: 197-197.

[14] 王明霄. 陕西韩城北关传统商业街规划设计研究 [D]. 西安: 西安建筑科技大学, 2017.

[15] 宋林. 基于建筑形态学的北方村镇空间界面的研究 [D]. 北京: 北京工业大学, 2019.

[16] 史旭敏、管京. 乡村振兴背景下的小城镇发展研究——以山西省为例 [J]. 小城镇建设, 2018（11）: 66-72, 96.

[17] 李秋香, 罗德胤, 贾珺. 北方民居 [M]. 北京: 清华大学出版社, 2010.

[18] 赵鹏飞、宋昆. 山东运河传统民居研究——以临清传统店铺民居和大院民居为例 [J]. 建筑学报, 2012（A1）: 168-171.

[19] 吕卓燕.华北平原地区冬季施工成本控制和措施 [J].财富时代,2019(9):202.

[20] 李琛.京杭大运河沿岸聚落分布规律分析 [J].华中建筑,2007(6):163-166.

[21] 任云兰.加快推进天津大运河文化保护传承利用研究 [J].城市发展研究,2021,28
      (1):23-26.

[22] 宋联洪.北辰区志 [M].天津:天津古籍出版社,2000.

[23] 杨光祥.天津津辰史迹 [M].天津:天津古籍出版社,2007.

[24] 贾卉,郭俊华.试论天津境内运河非物质文化遗产品牌建设 [J].环渤海经济瞭望,2019
      (9):95-97.

[25] 天津市地方志编修委员会.天津区县年鉴 2008[M].天津:天津社会科学院出版社,
      2008.

[26] 吴静激,袁媛.基于文化创意产业的钦州历史文化街区改造提升路径 [J].价值工程,
      2019,38(35):4-6.

[27] 赵晨洋,李子安,王燕燕.南京明城墙历史廊道文化遗产评价与保护研究 [J].中国名
      城,2019(7):59-64.

[28] 彭蛟.近代城市空间拓展视野下的街巷历史文化价值认识——以汉口为例 [J].现代城
      市研究,2019(6):111-117.

[29] 贾艺豪,李硕.历史文化村镇保护评价体系研究综述 [C]// 中国城市规划学会,杭州市
      人民政府.共享与品质——2018 中国城市规划年会论文集(09 城市文化遗产保
      护).杭州:中国城市规划学会,2018.

[30] 霍艳虹.基于"文化基因"视角的京杭大运河水文化遗产保护研究 [D].天津:天津大
      学,2017.

[31] 王颖.历史街区保护更新实施状况的研究与评价 [D].南京:东南大学,2015.

[32] 柳雨彤.天津市历史文化名镇村保护项目评价体系研究 [J].城市,2013(9):39-42.

[33] 王丹.基于世界遗产评价标准分析的景观设计原则探讨 [D].长沙:中南林业科技大
      学,2013.

[34] 任云兰. 加快推进天津大运河文化保护传承利用研究 [J]. 城市发展研究，2021，28
（1）:23-26.

[35] 邵波. 以新发展理念引领天津大运河文化保护传承利用 [N]. 天津日报，2021-10-08（09）.

[36] 李如意. "十四五"时期大运河天津段将有两段旅游通航 [N]. 北京城市副中心报，
2021-07-06（01）.

[37] 钱升华, 邵波. 大运河天津段历史文化遗产保护利用探析 [J]. 城市，2021（6）:53-61.

[38] 赵艳, 卞广萌. 大运河天津段沿线乡村文化景观资源产业带发展路径 [J]. 艺术与设计
（理论），2021,2（2）:29-31.

[39] 王璞榕. 京杭大运河（京津冀段）沿岸传统会馆建筑群的价值研究 [D]. 天津:天津理工
大学，2021.

[40] 张萌, 李威, 尔惟. 大运河文化保护传承利用视角下的国土空间管控策略研究——以
天津市为例 [J]. 城市，2020（12）:73-79.

[41] 刘景浩. 京杭大运河历史 天津 [J]. 炎黄地理，2020（5）:42-47.

[42] 赵力冬. 京杭大运河天津段开发利用 [J]. 炎黄地理，2020（4）:34-38.

[43] 姚瑶. 京杭大运河带动天津旅游经济发展 [J]. 炎黄地理，2020（4）:39-44.

[44] 万鲁建. 大运河与天津饮食初探 [J]. 关东学刊，2020（1）:38-47.

[45] 宋雯. 大运河（京津冀段）典型性建筑遗产特征及保护策略研究 [D]. 天津:天津理工大
学，2020.

[46] 蒋惠凤, 刘益平. 基于演化博弈的大运河文化带城市间合作发展策略研究 [J]. 运筹与
管理.

[47] 郑永华. 通州大运河:南北文化一线牵 [N]. 北京日报，2021-10-14（15）.

[48] 徐秀丽.《北京市大运河国家文化公园建设保护规划》发布 [N]. 中国文物报，2021-10-
12（02）.

[49] 郭卫雪. 线性文化遗产视野下汾河流域传统村镇空间形态研究 [D]. 北京:北京交通大
学，2020.

[50] 刘彦兰. 南粤古驿道文化推广的数字化再现研究 [D]. 广州:广东工业大学,2019.

[51] 吴文丽. 肇庆城区传统民居和公共建筑保护与开发利用研究——探讨线性文化遗产保护理论在肇庆文化遗产保护事业中的运用问题 [J]. 文物鉴定与鉴赏,2021(18):166-168.

[52] 王晓青. 豫西地区传统村镇旅游保护和发展研究——以卫坡村为例 [J]. 旅游纵览,2021(15):139-141.

[53] 黄铮,尹伊. 大数据活化线性文化遗产景观——以湘桂古商道为例 [J]. 湖南包装,2021,36(3):19-21,25.

[54] 卢黎刚,孙柯. 旅游背景下传统村镇风貌的保护与延续——以丽江市宝山乡石头城村为例 [J]. 城市建筑,2021,18(19):103-108.

[55] 王霁竹. 线性遗址及周边村镇保护发展模式探析 [D]. 西安:西北大学,2017.

[56] 陈婷. 乔家大院周边环境空间重塑策略的研究 [D]. 北京:北京建筑大学,2020.

[57] 张书颖,刘家明,朱鹤,张香菊. 线性文化遗产的特征及其对旅游利用模式的影响——基于《世界遗产名录》的统计分析 [J]. 中国生态旅游,2021,11(2):203-216.

[58] 张一. 线性文化遗产视角下的区域景观研究 [D]. 天津:天津大学,2017.

[59] 邓军. 川盐古道文化遗产现状与保护研究 [J]. 四川理工学院学报(社会科学版),2015,30(5):35-44.

[60] 吴晓枫,王芳. 地区历史文化研究在保护乡土建筑中的作用 [J]. 河北科技大学学报(社会科学版),2009,9(4):79-83.

[61] 张宾. 山东省大型线性文化遗产保护利用的几点思考 [J]. 文物鉴定与鉴赏,2021(8):169-171.

[62] 陆敏. 线性文化遗产的空间解构与重构研究——以大运河江苏段为例 [J]. 常州工学院学报(社科版),2021,39(2):1-5.

[63] 赵艳,李俊文,谢玥烨. 文化线路视阈下京杭大运河沿线原生村镇景观更新研究——以北运河李嘴村为例 [J]. 艺术与设计(理论),2018,2(8):58-60.

[64] 陈雅嫄.基层政府推动历史文化遗产活态化路径研究 [D].福州:福建师范大学,2020.

[65] 何益.山西省昌源河湿地公园生态环境地质质量评估 [D].成都:西南石油大学,2017.

[66] 赵磊.基于遗产价值评估的"茶马古道"沿线聚落保护研究 [D].昆明:云南大学,2019.

[67] 陶金,张莎玮.国内文化遗产价值的定量和定价评估方法研究综述 [J].南方建筑,2014（4）:96-101.

[68] 唐建兵.川藏"茶马古道"旅游资源及其开发利用 [J].西藏大学学报（社会科学版）,2014,29（1）:37-44.

[69] 单霁翔.历史文化名城保护 [M].天津:天津大学出版社,2015.

[70] 段秋岑.线性文化遗产廊道的保护研究 [D].昆明:云南大学 2014.

[71] 李祥.论徽州聚落保护与利用过程中的居民参与.[J] 黄山学院学报,2014,16（2）:1-4.

[72] 张鹊桥."再利用"让建筑遗产惠及民生——澳门探求文物保护新路径（上）[N].中国建设报,2013-11-11（04）.

[73] 谭晓玲.普洱"茶马古道"生态文化综合风险评价研究 [D].昆明:云南大学,2016.

[74] 阮仪三.遗珠拾粹:中国古城古镇古村踏察 [M].上海:东方出版中心,2013.

[75] 廖国一,易婷.21 世纪海上丝绸之路背景下古村镇的保护和开发初探——以广西合浦县乾江村为例 [J].新东方,2020（4）:75-82.

[76] 吴丹.城乡统筹背景下旅游产业导向型村镇规划研究 [D].重庆:重庆大学,2012.

[77] 毛文,周云.历史街区文化资源价值评估研究 [J].山西建筑,2014,40（34）:1-2.

[78] 扎西达吉.川滇藏茶马古道区域旅游合作研究 [J].西藏科技,2013（10）:19-20,35.

[79] 王聪聪.基于适宜性分析的普洱"茶马古道"遗产廊道网络构建研究 [D].昆明:云南大学,2015.

[80] 李建桦.滇藏"茶马古道"思宁段沿线景观格局演变及驱动力研究 [D].昆明:云南大学,2015.

[81] 王骥."茶马古道"滇藏线大迪段沿线聚落空间关系研究 [D].昆明:云南大学,2014.

[82] 金其铭.中国农村聚落地理 [M].南京:江苏科学技术出版社,1989.

[83] 冯骥才. 传统村镇的困境与出路——兼谈传统村镇是另一类文化遗产 [J]. 民间文化论坛,2013（1）:7-12.

[84] 经晶. 思茅"茶马古道"文化遗产廊道多维连接性研究 [D]. 昆明:云南大学,2015.

[85] 牛会聪. 多元文化生态廊道影响下京杭大运河天津段聚落形态研究 [D]. 天津:天津大学,2012.